Springer-Lehrbuch

Springer-Verlag Berlin Heidelberg GmbH

Thom Frühwirth   Slim Abdennadher

Constraint-Programmierung

Grundlagen und Anwendungen

Mit 34 Abbildungen

Springer

Dr. Dipl.-Ing. Thom Frühwirth
Dipl.-Inform. Slim Abdennadher

Universität München
Institut für Informatik
Oettingenstraße 67
D-80538 München

ISBN 978-3-540-60670-3

Die Deutsche Bibliothek – CIP-Einheitsaufnahme
Frühwirth, Thom:
Constraint-Programmierung: Grundlagen und Anwendungen/Thom Frühwirth;
Slim Abdennadher. – Berlin; Heidelberg; New York; Barcelona; Budapest; Hongkong;
London; Mailand; Paris; Santa Clara; Singapur; Tokio: Springer 1997
(Springer-Lehrbuch)
ISBN 978-3-540-60670-3   ISBN 978-3-642-59115-0 (eBook)
DOI 10.1007/978-3-642-59115-0

Umschlaggestaltung: design & production GmbH, Heidelberg
Satz: Reproduktionsfertige Vorlagen von den Autoren
SPIN: 10526197   45/3142 543210   Gedruckt auf säurefreiem Papier

Vorwort

Was?

Die Constraint-Programmierung ist eine der spannendsten
Entwicklungen in der Anwendung von Computern in den letzten
zehn Jahren. Dieses junge Gebiet hat von Anfang an in Forschung
und Praxis gleichermaßen für Aktivität gesorgt. Kein Wunder,
daß sich damit Forscher begeistern und ebenso Millionen verdie-
nen lassen – handelt es sich bei der Constrainttechnologie doch
um eine allgemeine Methode für elegantes, effizientes, deklarati-
ves Problemlösen mit höheren Programmiersprachen. Lesen Sie
das Einführungskapitel dieses Buches, und Sie werden merken,
wie allgegenwärtig Constraints (Bedingungen) sind – von Fahr-
radschlössern über Versicherungsbestimmungen bis zur Mathematik.

Das:

Es galt, Pionierarbeit zu leisten: Dieses Lehrbuch ist die erste umfassende und einheitliche Einführung in die Constraint-
Programmierung weltweit. Es bietet eine kurze und prägnante
aktuelle Darstellung der wesentlichen Aspekte und Entwicklungen in der constraintbasierten logikorientierten Programmierung,
von der theoretisch fundierten Beschreibung der unterschiedlichen Klassen von Programmiersprachen zu Constraintsystemen
und Constraintlösern bis zu konkreten Anwendungsbeispielen aus
der Praxis.

Wir haben versucht, unnötigen Formalismus und Anglizismen zu vermeiden, ohne ungenau zu werden. Sie finden in diesem Buch illustrative Beispiele, viele tabellarische Zusammenfassungen, Abbildungen und einen informativen Anhang mit Übungsaufgaben mit ausgewählten Lösungsvorschlägen sowie weiterführender Literatur.

Für:

Dieses Buch wendet sich vor allem an Dozenten und Studierende mit Vorwissen in Logik bzw. Programmierung in Prolog. Es ist darüber hinaus für alle geeignet, die an Themen aus den Gebieten Künstliche Intelligenz, Programmierung und Problemlösen interessiert sind, insbesondere an der gegenseitigen Befruchtung von Theorie und Praxis. Dem innovativen Praktiker sei das letzte Kapitel empfohlen.

Dank!

Unser Dank gilt Thoms Frau Andrea und seiner Tochter Anna sowie Slims Frau Nabila für ihre Geduld und ihren Beistand; François Bry und Martin Wirsing, die unsere Beschäftigung mit dem Thema gefördert haben; unseren Kollegen, vor allem Norbert Eisinger, Tim Geisler, Alexander Knapp, Holger Meuss und Heribert Schütz, die mit Ihren Kommentaren und Korrekturhinweisen zum Buch beigetragen haben; den Studenten der Vorlesungen an der LMU München und den Teilnehmern an den Tutorien, auf denen das Buch zum Teil basiert, und Hans Wössner sowie Ruth Abraham vom Springer-Verlag für ihre Unterstützung.

Wir wünschen viel Spaß mit Constraint-Programmierung!

München, im Juli 1997   Thom Frühwirth und Slim Abdennadher

PS: Wie lange wird dieses Lehrbuch Gültigkeit haben, wenn die Entwicklung in diesem Gebiet so schnell verläuft? Wir haben vorgesorgt: Online im Internet, auf den Webseiten des Springer-Verlages, `http://www.springer.de`, finden Sie laufend weitere Informationen, ergänzendes Lehrmaterial (z.B. Overheadfolien) sowie Software zum Ausprobieren und Herunterladen.

Inhaltsverzeichnis

1 Einleitung

1.1
Was sind Constraints?

Das englische Wort „Constraint" bedeutet Einschränkung oder
(Wert-, Rand-, Neben-)Bedingung. Constraints[1] eignen sich zur
Darstellung unvollständiger Information, also zur Beschreibung
der Eigenschaften und Beziehungen von teilweise unbekannten
Objekten. Als recht allgemeiner und abstrakter Begriff haben
Constraints die verschiedensten Ausprägungen und Arten. (Doch
haben sie alle wichtige Gemeinsamkeiten, wie wir sehen werden.)

Ein Beispiel: Ein Mathematiker hat ein Fahrrad mit Zahlenschloß. Er kann sich nicht mehr an die letzte Ziffer der Zahlenkom-
bination erinnern. Er weiß nur noch: Sie ist ungerade, natürlich
eine einstellige Zahl, außerdem keine Primzahl und nicht 1. Indem
er die unvollständigen Informationen über die Zahl kombiniert,
kann er die gesuchte Zahl, nämlich 9, ermitteln. Dabei sind *ungerade, einstellig, keine Primzahl* und *nicht 1* die Constraints, die
die Zahl beschreiben. Man beachte, daß das Constraint *ungerade*
für sich allein eine unendliche Menge von Lösungen besitzt. Im
allgemeinen reichen Constraints allein nicht aus, um ein Problem
ganz zu lösen. Man muß zwischendurch immer wieder suchen.
Würde uns bei diesem Beispiel die letzte Information fehlen, so
wären wir darauf angewiesen, die Zahlen 1, 3, 5, 7 und 9 auszu-
probieren.

---

[1] Dies ist einer der wenigen Fachausdrücke, die wir nicht übersetzen.

Auch die Bestimmungen der Gepäckversicherung, die festlegen, wann der Versicherungsfall vorliegt, sind Constraints: Danach hat man seine Handtasche ständig im Auge zu behalten, sein Gepäck im verschlossenen Kofferraum des Autos zu lagern und das Auto nachts in einer abgeschlossenen Garage zu parken, die nur einem eng begrenzten Kreis von Benutzern zugänglich ist.

Ein zeitliches Constraint ist z.B. die Tatsache, daß die Vorlesung „Constraint-Programmierung" dienstags von 14 bis 16 Uhr stattfindet. Ein räumliches Constraint ist die Nummer des Raumes, in dem diese Vorlesung stattfindet, nämlich 114.

Arithmetische Constraints lassen sich formal einfach darstellen:

$$X + Y = 7$$

ist ein Constraint, das eine Aussage über die Beziehung der Objekte (in diesem Fall Variablen) X und Y, und damit über deren mögliche Werte, macht.

Charakteristisch für den constraintbasierten Ansatz ist das Lösen von Problemen, indem man solche Constraints angibt, die von einer Lösung erfüllt werden müssen. Dann lösen wir Constraints, damit das Zahlenschloß sich öffnet, damit der Versicherungsschutz gewahrt bleibt, wir rechtzeitig zur Vorlesung kommen und der Wert der Variablen in einem Gleichungssystem bekannt wird. Dabei können zwar spezielle Algorithmen zum Einsatz kommen, sie müssen aber gewissen allgemeinen Prinzipien gehorchen.

Damit „Constraintlösen" in Computerprogramme integriert werden kann und damit Constraints und ihre Lösungen einen Einfluß auf den Ablauf von Programmen haben können, muß es ein Programmstück geben, das die Constraints verwaltet und löst. Das ist der Constraintlöser.

Bei arithmetischen linearen Constraints könnte der Constraintlöser das Gauß'sche Eliminationsverfahren anwenden, um z.B. folgende Constraints zu lösen:

$$X + Y = 7, \quad X - Y = 3$$

Man möchte, daß ein Constraintlöser die Gleichungen möglichst so weit vereinfacht, daß die Wertebelegungen der Variablen explizit werden:

$$X = 5, \quad Y = 2$$

1.2 Constraint-Programmierung

Die Familie der „Constraint-Logikprogrammiersprachen" entstand Mitte der achtziger Jahre als eine natürliche Fusion zweier deklarativer Paradigmen, nämlich Constraintlösen und Logikprogrammierung.

Die Idee der Logikprogrammierung ist, Probleme logisch zu beschreiben. In diesen Programmiersprachen (z.B. Prolog) werden das zum Problem gehörige allgemeine Wissen und die konkreten Annahmen durch Regeln und Fakten, eine eingeschränkte Klasse von logischen Formeln, ausgedrückt. Eine Lösung wird durch Anwendung passender Regeln auf eine Anfrage auf der Basis der Fakten gesucht. Wegen ihrer abstrakten deklarativen Natur eignen sich Logikprogrammiersprachen gut für die schnelle Erst- und Weiterentwicklung von Prototypen auf der Basis unvollständiger Spezifikationen (engl. rapid prototyping). Mit der Einbettung von Constraints in Logikprogrammiersprachen wurde es möglich, schnell und elegant komplexe Probleme durch eine Verbindung aus Constraintlösen und Suche zu lösen.

Constraint-Programmierung kann vorteilhaft eingesetzt werden zum Schließen mit sowohl unvollständiger, ungenauer bzw. unsicherer als auch vollständiger Information (z.B. Finanzanalyse) und zum Lösen kombinatorischer Probleme (z.B. Zeitplanung) in Entscheidungsunterstützungssystemen (auch: Expertensysteme, intelligente Agenten). Seit Anfang der neunziger Jahre wird Constraint-Programmierung mit großem Erfolg von mehreren Firmen weltweit kommerziell eingesetzt, ihr gemeinsamer Umsatz mit Constrainttechnologie wurde 1996 auf 100 Millionen US-Dollar geschätzt.[2]

---

[2] Ein Vergleich: Der Umsatz mit Data Mining betrug 1996 ca. 120 Mill. Dollar, der von Microsoft fast 10 Milliarden Dollar.

Das System Daysy zum Beispiel adaptiert für die Lufthansa
den Einsatz von Personal nach Störungen im Flugbetrieb (Verspätungen, Erkrankung usw.), so daß die Änderungen im Personalplan und die Kosten minimiert werden. Nokia Mobile Phones,
der zweitgrößte Mobiltelefonhersteller der Welt, verwendet Constraints zur automatischen Konfiguration von Software für Mobiltelefone. Renault setzt Constraint-Programmierung seit 1995 zur
Optimierung der Zulieferung und Fertigung von Varianten eines
Autotyps ein.

1.3
Inhaltsübersicht

Dieses Lehrbuch gibt einen einführenden Überblick über die
Grundlagen der Constraint-Programmierung und die verschiedenen Constraintsysteme, ihre Entwicklungsgeschichte und ihre Anwendungsmöglichkeiten. Während sich der erste Teil
des Buches mit Klassen von Constraint-Programmiersprachen
beschäftigt, stellt der zweite Teil Arten von Constraints und ihre
Anwendungen vor.

Im nächsten Kapitel werden die im Buch verwendeten, grundlegenden logischen Formalismen kurz beschrieben: Syntax und
Semantik der Prädikatenlogik erster Stufe sowie Kalküle als Zu-
standsübergangssysteme mit Kongruenzen.

In Kapitel 3, Logikprogrammierung, geht es um das Programmieren in einer ausführbaren Untermenge der Prädikatenlogik.
Wir definieren ihre operationale (prozedurale) Semantik in Form
eines Kalküls, ihre deklarative Semantik durch Prädikatenlogik
und erklären den formalen Zusammenhang zwischen operationaler und deklarativer Semantik. Mit Prolog stellen wir schließlich
kurz den bekanntesten Vertreter und Klassiker dieser Familie von
Programmiersprachen vor.

Diese beiden Grundlagenkapitel können keinen Kurs in Logik
bzw. Prolog ersetzen.

Ausgehend von der Logikprogrammierung erweitern wir in
den nächsten Kapiteln diese Klasse von Programmiersprachen

Schritt für Schritt. Die Beschreibungsweise für eine Programmiersprache — Kalkül, deklarative Semantik, Zusammenhänge — sowie einige Beispiele behalten wir auch in den folgenden Kapiteln bei.

In Kapitel 4, Constraint-Logikprogrammierung, erweitern wir die Logikprogrammierung um Constraints, die wir als spezielle logische Prädikate auffassen. Wir definieren in diesem Kapitel auch, was ein Constraintsystem ist und was ein Constraintlöser macht.

In Kapitel 5, Constrainterweiterungen, behandeln wir Erweiterungen der Ausruckskraft und Kombinierbarkeit von Constraints. Dieses Kapitel kann beim ersten Lesen ausgelassen werden.

In Kapitel 6, Nebenläufige Constraint-Logikprogrammierung, stellen sich Constraints als mächtige Grundlage für die Kommunikation und Synchronisation von nebenläufigen Prozessen dar.

In Kapitel 7 lernen wir mit Constraint Handling Rules eine nebenläufige Programmiersprache zum Schreiben von Constraintlösern kennen.

Wenn wir in Kapitel 8 die gängigen Constraintsysteme, d.h. Arten von Constraints, vorstellen, werden Constraint Handling Rules nützlich sein, um deklarativ und prägnant die zugehörigen Constraintlöser sowohl prinzipiell zu beschreiben als auch zu implementieren. Für jedes Constraintsystem geben wir auch ein größeres Beispiel an, das sein typisches praktisches Anwendungsgebiet illustriert.

In Kapitel 9, Anwendungen, kommen wir zur kommerziellen Praxis der Constraint-Programmierung: Wir beschreiben kurz den Markt für diese Technologie, die beteiligten Softwarefirmen, Klassen von Anwendungen und konkrete Projekte für namhafte Firmenkunden aus aller Welt. Dann stellen wir zwei exemplarische Anwendungsstudien für die Constrainttechnologie näher vor, die sich nichtsdestoweniger durch ihren innovativen Charakter auszeichnen. Der Anfang dieses Kapitels kann auch als erstes gelesen werden.

Im Anhang finden sich Übungsaufgaben zu den einzelnen Abschnitten und ausgewählte Lösungsvorschläge. Hinweise auf weiterführende Literatur und ein ausführliches Stichwortverzeichnis schließen das Lehrbuch ab.

Als Einführung und erster Überblick kann dieses Lehrbuch, auch aus Platz- und Aktualitätsgründen, auf viele Themen nicht eingehen: Auf Implementierungsmethoden und Programmiermethodologie, auf Optimierungsverfahren, dynamische Constraints, die zur Laufzeit zurückgenommen werden können, Prioritäten zwischen Constraints, nicht-logische Programmiersprachen mit Constraints (funktionale, objektorientierte, imperative), und Datenbanken mit Constraints. Hier helfen die Hinweise auf weiterführende Literatur.

2 Prädikatenlogik und Kalküle

Good, too, Logic, of course; in itself, but not in fine weather.
Arthur Hugh Clough

Die Logik muß für sich selber sorgen.
Ludwig Wittgenstein

Im ersten Abschnitt fixieren wir die Syntax der Prädikatenlogik erster Stufe, d.h. die verwendete Sprache. Die Semantik, also die Bedeutung der Sprache, wird im zweiten Abschnitt definiert. Im letzten Abschnitt werden logische Kalküle formal beschrieben. Ein logischer Kalkül sagt uns, wie man in einer Sprache der Logik rechnen kann.

Dieses Kapitel kann in seiner gerafften Form nur der Auffrischung bestehender Logikkenntnisse und dem Vertrautmachen mit der in diesem Lehrbuch verwendeten Notation dienen. Für eine detaillierte Behandlung wird auf [EFT78, Men87] verwiesen.

2.1
Syntax

Definition 2.1.1. Das *Alphabet* für eine Sprache der Prädikatenlogik erster Stufe besteht aus den Mengen:

- $\mathcal{P}$ eine Menge von *Prädikatensymbolen* mit Stelligkeit: Sie werden mit $p, q, r, \ldots$ bezeichnet. Ist ein Prädikatensymbol p von der Stelligkeit n, schreiben wir auch p/n. Nullstellige Prädikatensymbole werden auch Aussagenvariablen genannt.

- $\mathcal{F}$ eine Menge von *Funktionssymbolen* mit Stelligkeit: Sie werden mit $f, g, h, \ldots$ bezeichnet. Ist ein Funktionssymbol f von der Stelligkeit n, schreiben wir auch f/n. Nullstellige Funktionssymbole werden auch Konstanten genannt.
- $\mathcal{V}$ eine abzählbar unendliche Menge von *Variablen*: Sie werden mit $X, Y, Z, \ldots$ bezeichnet.
- eine Menge von *logischen Verknüpfungen (Junktoren)*: Nullstellige Verknüpfungen sind $\top$ (Top) und $\bot$ (Bottom), einstellig ist $\neg$ (Negation, nicht), zweistellige sind $\wedge$ (Konjunktion, und), $\vee$ (Disjunktion, oder), $\rightarrow$ (Implikation, impliziert), $\leftrightarrow$ (Äquivalenz, äquivalent).
- die *Quantoren* $\forall$ (Allquantor) und $\exists$ (Existenzquantor).
- Klammern und Kommata: „(", „)", „,".

Die Mengen $\mathcal{P}$ und $\mathcal{F}$ bilden die *Signatur* $\Sigma = (\mathcal{P}, \mathcal{F})$. $\lhd$

Wir verwenden hier eine an der Logikprogrammierung orientierte Syntax: Prädikaten- und Funktionssymbole beginnen mit kleinem Anfangsbuchstaben und Variablen mit großem. Funktionssymbole werden auch Funktoren genannt. Die Abkürzung $\bar{x}$ steht für eine Sequenz von Variablen.

Im folgenden sei eine Signatur Σ gegeben. *Ausdrücke* in Sprachen erster Stufe sind Terme und Formeln.

Definition 2.1.2. Die Menge $\mathcal{T}(\Sigma)$ der *Terme* ist die kleinste Menge mit:

- Ist $X \in \mathcal{V}$, dann ist $X \in \mathcal{T}(\Sigma)$.
- Ist $t_1, \ldots, t_n \in \mathcal{T}(\Sigma)$ und f ein n-stelliges Funktionssymbol, dann ist auch $f(t_1, \ldots, t_n) \in \mathcal{T}(\Sigma)$. Die Terme $t_1, \ldots, t_n$ heißen *Argumente* von f. $\lhd$

Im Fall eines nullstelligen Funktionssymbols schreiben wir den Term als f statt $f()$. Zweistellige Funktionssymbole werden oft als Infix geschrieben, z.B. $a + b$.

Definition 2.1.3. Die Menge $\mathcal{F}(\Sigma)$ der *(wohlgeformten) Formeln* ist die kleinste Menge mit:

- Ist $t_1, \ldots, t_n \in \mathcal{T}(\Sigma)$ und p ein n-stelliges Prädikatensymbol, dann ist auch $p(t_1, \ldots, t_n) \in \mathcal{F}(\Sigma)$. Die Terme $t_1, \ldots, t_n$ heißen *Argumente* von p.
- $\top, \bot \in \mathcal{F}(\Sigma)$.
- Sind $\varphi, \psi \in \mathcal{F}(\Sigma)$, dann sind auch $(\neg\varphi)$, $(\varphi \wedge \psi)$, $(\varphi \vee \psi)$, $(\varphi \to \psi)$, $(\varphi \leftrightarrow \psi) \in \mathcal{F}(\Sigma)$.
- Ist $X \in \mathcal{V}$ und $\varphi \in \mathcal{F}(\Sigma)$, dann sind auch $\forall X \varphi$, $\exists X \varphi \in \mathcal{F}(\Sigma)$.

Die Formel $p(t_1, \ldots, t_n)$ nennt man *atomare Formel* (*Atom*), alle anderen *zusammengesetzte Formeln*. Ein *Literal* ist ein Atom ψ (*positives Literal*) oder ein negiertes Atom $\neg\psi$ (*negatives Literal*). ◁

Im Fall eines nullstelligen Prädikatensymbols schreiben wir das Atom als p statt $p()$. Zweistellige Prädikatensymbole werden oft als Infix geschrieben, z.B. $s \doteq t$. Wie üblich sparen wir Klammern durch Präzedenz- und Assoziativitätsregeln: Quantoren und Negation binden enger als die zweistelligen logischen Verknüpfungen. Unter diesen bindet die Konjunktion am engsten, danach folgt die Disjunktion und dann die Implikation.

In den folgenden Definitionen dieses Kapitels stellen wir der Einfachheit halber zusammengesetzte Formeln durch Formeln dar, die lediglich aus den logischen Verknüpfungen $\bot$, $\to$ und dem Quantor $\forall$ gebildet werden, wobei wir die übrigen Verknüpfungen wie folgt darstellen:

- $\neg\varphi := \varphi \to \bot$
- $\exists x \varphi := \neg\forall x \neg\varphi$
- $\top := \neg\bot$
- $\varphi \leftrightarrow \psi := (\psi \to \varphi) \wedge (\varphi \to \psi)$
- $\varphi \vee \psi := \neg\varphi \to \psi$
- $\varphi \wedge \psi := \neg(\varphi \to \neg\psi)$

Definition 2.1.4. Wir definieren die Mengen frei(t) bzw. frei(φ) der *freien Variablen* eines Terms t bzw. einer Formel φ induktiv nach dem Aufbau von t bzw. φ:

- frei$(x) := \{x\}$ für eine Variable x.

- $\mathrm{frei}(f(t_1, \ldots, t_n)) := \mathrm{frei}(t_1) \cup \ldots \cup \mathrm{frei}(t_n)$ für ein n-stelliges Funktionssymbol f und Terme $t_1, \ldots, t_n$.
- $\mathrm{frei}(p(t_1, \ldots, t_n)) := \mathrm{frei}(t_1) \cup \ldots \cup \mathrm{frei}(t_n)$ für ein n-stelliges Prädikatssymbol p und Terme $t_1, \ldots, t_n$.
- $\mathrm{frei}(\varphi \to \psi) := \mathrm{frei}(\varphi) \cup \mathrm{frei}(\psi)$ für Formeln φ und ψ.
- $\mathrm{frei}(\forall x \varphi) := \mathrm{frei}(\varphi) \setminus \{x\}$ für eine Formel φ und eine Variable x.
- $\mathrm{frei}(\bot) := \emptyset$.

Formeln ohne freie Variablen werden als *geschlossene Formeln* oder *Sätze* bezeichnet. Terme ohne freie Variablen werden als *variablenfreie Terme* oder *Grundterme* (engl. ground terms) bezeichnet. ◁

Definition 2.1.5. Sei ψ eine Formel und $\{X_1, \ldots, X_n\}$ die Menge der freien Variablen von ψ. Der *universelle Abschluß* $\forall \psi$ und der *existentielle Abschluß* $\exists \psi$ der Formel ψ (engl. closure) ist wie folgt definiert:

$$\forall \psi = \forall X_1 \ldots \forall X_n \ \psi$$
$$\exists \psi = \exists X_1 \ldots \exists X_n \ \psi \quad ◁$$

Beweisverfahren in der Logik werden oft auf Formeln in einer Normalform angewendet. Uns interessiert die Klauselnormalform, bei der alle existentiellen Quantoren eliminiert worden sind, Quantoren nicht innerhalb der Formel vorkommen, die Formel geschlossen ist und die Formel eine Konjunktion von Disjunktionen von Literalen ist.

Definition 2.1.6. Eine Formel ist in *Klauselnormalform*, falls sie von der folgenden Form ist:

$$\forall X_1, \ldots \forall X_k \bigwedge_{i=1}^{n} \left(\bigvee_{j=1}^{m(i)} L_{ij} \right),$$

wobei $k \geq 0$ und die L_{ij} Literale sind.
Die Disjunktion einer oder mehrerer Literale nennt man eine *Klausel*. ◁

Im folgenden betrachten wir die Ersetzung von Variablen durch Terme.

Definition 2.1.7. Eine *Substitution* ist eine Abbildung von der Menge der Variablen in die Menge der Terme $\theta : \mathcal{V} \longrightarrow \mathcal{T}(\Sigma)$, die nur an endlich vielen Stellen von der Identität abweicht. Wir schreiben θ als eine endliche Menge von Paaren wie folgt: $\theta = \{\ldots, X_i \leftarrow t_i, \ldots\}$, wobei $X_i \in \mathcal{V}$, $t_i \in \mathcal{T}(\Sigma)$. Die Identität (leere Substitution) wird mit ε bezeichnet.

Eine Substitution θ kann auf kanonische Weise auf Terme und quantorenfreie Formeln fortgesetzt werden:

- $f(t_1, \ldots, t_n)\theta := f(t_1\theta, \ldots, t_n\theta)$ für $f \in \mathcal{F}$;
- $p(t_1, \ldots, t_n)\theta := p(t_1\theta, \ldots, t_n\theta)$ für $p \in \mathcal{P}$;
- $\perp\theta := \perp$;
- $(\varphi \rightarrow \psi)\theta := \varphi\theta \rightarrow \psi\theta \ \lhd$

Paare der Form $X \leftarrow X$ können weggelassen werden. $\theta\beta$ bezeichnet die Komposition der Substitutionen θ und β. Im Gegensatz zur üblichen Schreibweise von Abbildungen werden Substitutionen in Postfix-Notation geschrieben.

Definition 2.1.8. Eine Formel φ ist eine *Instanz* eine Formel ψ, falls es eine Substitution θ gibt mit $\varphi = \psi\theta$. φ ist *Variante* von ψ, falls φ Instanz von ψ und ψ Instanz von φ ist.

Eine *eingeschränkte Substitution* von $\{X_1 \leftarrow t_1, \ldots, X_n \leftarrow t_n\}$ auf die Variablen $X_1, \ldots, X_m$ ($m \leq n$) ist $\{X_1 \leftarrow t_1, \ldots, X_m \leftarrow t_m\}$. $\lhd$

Eine besondere Rolle spielt die Unifikation. Ihre Aufgabe ist, Atome oder Terme einander anzugleichen.

Definition 2.1.9. Eine Substitution θ heißt *Unifikator* für eine Menge $S = \{A_1, A_2, \ldots, A_n\}$, falls $A_1\theta = A_2\theta = \ldots = A_n\theta$. Gibt es für S einen solchen Unifikator, dann heißt S *unifizierbar*. Ein Unifikator θ heißt *allgemeinster Unifikator* (engl. most general unifier, mgu) für S, falls es für jeden Unifikator σ von S eine Substitution β gibt, so daß $\sigma = \theta\beta$. $\lhd$

Robinson bewies in [Rob65], daß es unter den Unifikatoren von Termen immer einen allgemeinsten gibt (wenn es überhaupt einen gibt) und daß dieser bis auf die Umbenennung von Variablen (Variantenbildung) eindeutig ist.

2.2
Semantik

Nachdem die Syntax einer Sprache der Prädikatenlogik definiert ist, muß die Semantik einer Formel geklärt werden, nämlich was eine Formel bedeutet. Dazu führen wir den Begriff der Interpretation ein. Eine Interpretation ordnet den Funktionssymbolen der Sprache Objekte zu und den Prädikatensymbolen Relationen über Objekten.

Definition 2.2.1. Eine *Interpretation* $\mathcal{I}$ ist ein Paar $(D,\mathcal{I}[.])$ mit:

- D ist eine nichtleere Menge („Universum" oder „Definitionsbereich").
- $\mathcal{I}[f] : D^n \to D$ für jedes n-stellige Funktionssymbol f.
- $\mathcal{I}[p] \subseteq D^n$, für jedes n-stellige Prädikatensymbol p. $\triangleleft$

Definition 2.2.2. Eine *Variablenbelegung* (engl. valuation) für die Variablenmenge $\mathcal{V}$ bzgl. eines Universums D ist eine Abbildung $\alpha : \mathcal{V} \to D$. $\triangleleft$

Im Unterschied zur Substitution hat eine Variablenbelegung einen beliebigen Wertebereich, der nicht auf Terme eingeschränkt ist. Zu einer Variablenbelegung α bezeichnet $\alpha[Y \leftarrowtail a]$ die Variablenbelegung

$$\alpha[Y \leftarrowtail a](X) = \left\{ \begin{array}{l} a, \text{ falls } X = Y \\ \alpha(X), \text{ sonst} \end{array} \right.$$

Die Variablenbelegung $\alpha[Y \leftarrowtail a]$ ist also gleich der Variablenbelegung α bis auf die Belegung von Y, die durch $[Y \leftarrowtail a]$ als a definiert wird.

Definition 2.2.3. Wenn $\mathcal{I}$ eine Interpretation und α eine Variablenbelegung ist, bezeichnet $\mathcal{I}_\alpha$ folgende Interpretation von Termen und Formeln.

Die Funktion $\mathcal{I}_\alpha[t]$ zur Interpretation von Termen ist definiert durch:

- $\mathcal{I}_\alpha[X] = \alpha(X)$ für $X \in \mathcal{V}$,
- $\mathcal{I}_\alpha[f(t_1,\ldots,t_n)] = \mathcal{I}[f](\mathcal{I}_\alpha[t_1],\ldots,\mathcal{I}_\alpha[t_n])$ für ein n-stelliges Funktionssymbol f und Terme $t_1,\ldots,t_n$.

Die Relation $\mathcal{I}_\alpha \models \varphi$ („$\mathcal{I}_\alpha$ erfüllt φ") zur Interpretation von Formeln ist definiert durch:

- $\mathcal{I}_\alpha \not\models \bot$, d.h. $\mathcal{I}_\alpha \models \bot$ gilt nicht;
- $\mathcal{I}_\alpha \models s\doteq t$ gdw. $\mathcal{I}_\alpha(s) = \mathcal{I}_\alpha(t)$;
- $\mathcal{I}_\alpha \models p(t_1,\ldots,t_n)$ gdw. $(\mathcal{I}_\alpha[t_1],\ldots,\mathcal{I}_\alpha[t_n]) \in \mathcal{I}_\alpha[p]$;
- $\mathcal{I}_\alpha \models \varphi \to \psi$ gdw. $\mathcal{I}_\alpha \not\models \varphi$ oder $\mathcal{I}_\alpha \models \psi$;
- $\mathcal{I}_\alpha \models \forall X\varphi$ gdw. für alle $u \in D$ gilt $\mathcal{I}_{\alpha[X \hookleftarrow u]} \models \varphi$.

Die Abkürzung „gdw." steht für „genau dann, wenn". Die Gleichheit $\doteq$ ist kein beliebiges binäres Prädikat, sondern wird als Identität interpretiert. Wir benutzen $\doteq$ als objektsprachliches Symbol für das Gleichheitsprädikat, um Verwechslungen mit der metasprachlichen Gleichheit $=$ vorzubeugen. $\lhd$

Die folgenden Definitionen gelten mit Ergänzungen für beliebige Formeln, für unsere Zwecke reichen aber Sätze.

Definition 2.2.4. $\mathcal{I}$ ist ein *Modell* des Satzes φ, geschrieben $\mathcal{I} \models \varphi$, falls $\mathcal{I}_\alpha \models \varphi$ für alle Variablenbelegungen α gilt.
Ist M eine Menge von Sätzen, so heißt $\mathcal{I}$ *Modell* von M, falls $\mathcal{I} \models \varphi$ für alle $\varphi \in M$. $\lhd$

Die folgenden Definitionen gelten analog auch für Mengen von Sätzen.

Definition 2.2.5. Ein Satz φ ist *erfüllbar* (konsistent), falls er ein Modell hat.
Ein Satz φ ist eine *Tautologie* (*allgemeingültig*), falls $\mathcal{I} \models \varphi$ für alle Interpretationen $\mathcal{I}$. $\lhd$

Definition 2.2.6. Aus einem Satz φ *folgt* (*logisch*) ein Satz ψ, geschrieben $\varphi \models \psi$, falls jedes Modell von φ auch Modell von ψ ist.
Zwei Sätze φ und ψ sind *logisch äquivalent*, falls $\varphi \models \psi$ und $\psi \models \varphi$. $\lhd$

Nach der Definition 2.2.5 ist ein Satz φ unerfüllbar (inkonsistent) genau dann, wenn $\mathcal{I} \not\models \varphi$ für jede Interpretation, also insbesondere für jeden Bereich D. Beim Beweis für die Unerfüllbarkeit von φ wäre es jedoch von großem Nutzen, wenn man eine eingeschränkte Klasse $\mathcal{I}$ von Interpretationen mit festem Universum D so bestimmen könnte, daß φ in $\mathcal{I}$ genau dann erfüllbar ist, wenn A in irgendeiner Interpretation erfüllbar ist. Tatsächlich gibt es für Formeln in Klauselnormalform eine solche Klasse: die Herbrand-Interpretation.

Definition 2.2.7. Das *Herbrand-Universum* H_Σ ist die Menge aller variablenfreien Terme.

Eine *Herbrand-Interpretation* $\mathcal{H} = (H_\Sigma, \mathcal{I}[.])$ ist eine Interpretation, die jedem n-stelligen Funktionssymbol f eine Funktion $\mathcal{I}[f] : H_\Sigma^n \to H_\Sigma$ zuordnet, die die Terme $t_1, \ldots, t_n \in H_\Sigma$ auf den Term $f(t_1, \ldots, t_n) \in H_\Sigma$ abbildet. Die Interpretation der Prädikatensymbole unterliegt keiner Einschränkung. $\lhd$

Eine Herbrand-Interpretation ist also eine Interpretation über dem Herbrand-Universum, die jedem variablenfreien Term den Term selbst zuordnet.

2.3
Logische Kalküle

Ein Kalkül (engl. calculus, deduction system) erweitert die Sprache der Prädikatenlogik um das syntaktische Gegenstück zur logischen Folgerung, nämlich um den Ableitungsbegriff. Mittels eines Kalküls kann man auch die operationale Semantik einer Programmiersprache beschreiben, d.h. formal angeben, wie Berechnungen in der Programmiersprache erfolgen.

Ein Kalkül besteht in diesem Buch aus einem Zustandsübergangssystem, das die Abarbeitung eines Programms durch Zustandsübergänge beschreibt, und einer Kongruenzrelation, die triviale Gleichheiten von Zuständen beschreibt.

Definition 2.3.1. Ein *Zustandsübergangssystem* (engl. transition system) ist ein Tripel $(\mathcal{Z}, \mathcal{T}, \mapsto)$, wobei $\mathcal{Z}$ eine Menge von

Zuständen ist, $T \subseteq \mathcal{Z}$ die Menge der terminalen Zustände (Anfangs- und Endzustände, engl. initial and final states) und $\mapsto \subseteq \mathcal{Z} \times \mathcal{Z}$ die Übergangsrelation, für die gilt:

$$S \not\mapsto S' \text{ für alle Endzustände } S \in T \text{ und alle } S' \in \mathcal{Z},$$

d.h. von Endzuständen aus ist kein Zustandsübergang möglich. $\triangleleft$

Da wir uns in diesem Buch mit logikorientierten Programmiersprachen befassen, repräsentieren Zustände immer auch logische Formeln. Zustände sind Tupel, deren Komponenten logische Formeln oder Substitutionen sind.

Eine *Reduktion* (ein Zustandsübergang, ein Ableitungsschritt) von einem *(Ausgangs-)Zustand* S zu einem *(Folge-)Zustand* S' kann erfolgen, wenn bestimmte *(Reduktions-)Bedingungen* erfüllt sind. Wir schreiben dies als *Reduktionsregel (Ableitungsregel, Inferenzregel, Schlußregel)* von der Form:

$$\begin{array}{c} \text{Bedingung 1} \\ \cdots \\ \text{Bedingung } n \\ \hline S \mapsto S' \end{array}$$

Definition 2.3.2. Eine *Berechnung* (engl. computation) ist eine Sequenz $S_0 \mapsto S_1 \mapsto S_2 \mapsto \ldots$ von Reduktionen. Wir schreiben $S \mapsto^n T$, falls es $S_0, \ldots, S_n$ gibt mit $S = S_0$, $T = S_n$ und $S_i \mapsto S_{i+1}$ $(i = 0, \ldots, n-1)$. Wir schreiben $S \mapsto^* T$, wenn es ein $n \geq 0$ gibt mit $S \mapsto^n T$.
Eine *Ableitung* (engl. derivation) ist eine Berechnung, die entweder in einem Endzustand endet oder unendlich ist. $\triangleleft$

Definition 2.3.3. Eine *Äquivalenzrelation* $\equiv$ ist eine Relation, die reflexiv, symmetrisch und transitiv ist:

(Reflexivität) $A \equiv A$
(Symmetrie)   Wenn $A \equiv B$ dann auch $B \equiv A$
(Transitivität) Wenn $A \equiv B$ und $B \equiv C$ dann auch $A \equiv C$ $\triangleleft$

Definition 2.3.4. Eine *Kongruenz* $\equiv$ *über Formeln* ist eine Äquivalenzrelation, für die zusätzlich gilt:
Wenn $\varphi \equiv \psi$ dann auch $\neg\varphi \equiv \neg\psi$ und wenn $\varphi \equiv \psi$ und $\varphi' \equiv \psi'$ dann auch $\varphi \rightarrow \varphi' \equiv \psi \rightarrow \psi'$. $\lhd$

Wenn also Teilformeln zueinander kongruent sind, sind auch die daraus zusammengesetzten Formeln kongruent. Eine Kongruenz wird hier dazu verwendet, um triviale Äquivalenzen von Formeln (z.B. zwischen $A \wedge B$ und $B \wedge A$) implizit ausnützen zu können. Wir erweitern die Kongruenz über Formeln auf eine Kongruenz über Zuständen wie folgt: Zwei Zustände sind kongruent, wenn ihre Komponenten kongruent sind. Ist ein Zustandsübergang mit bestimmten Zuständen möglich, so ist er auch mit allen dazu kongruenten Zuständen erlaubt.

Definition 2.3.5. Ein *(logischer) Kalkül* ist ein Tripel $(\Sigma, \equiv, (\mathcal{Z}, \mathcal{T}, \mapsto))$, wobei gilt:

- Σ ist eine Signatur für eine Sprache der Prädikatenlogik erster Stufe.
- $\equiv$ ist eine Kongruenz über Formeln über der Signatur Σ.
- $(\mathcal{Z}, \mathcal{T}, \mapsto)$ ist ein Zustandsübergangssystem. $\lhd$

3 Logikprogrammierung

A logic program is a set of axioms, or rules, defining relationships between objects. A computation of a logic program is a deduction of consequences of the program. A program defines a set of consequences, which is its meaning. The art of logic programming is constructing concise and elegant programs that have the desired meaning.
Leon Sterling und Ehud Shapiro in The Art of Prolog, S. 1

Robert A. Kowalski hat mit seiner Aussage [Kow79]

$$Algorithm = Logic + Control$$

den Unterschied zwischen dem *Was* (Logic) und dem *Wie* (Control) in der Programmierung (d.h. dem Implementieren eines Algorithmus) betont. Ein Algorithmus besteht aus einer logischen Komponente, die das Wissen zum Problem beschreibt, und einer Steuerkomponente, die bestimmt, wie dieses Wissen angewendet wird, um damit ein Problem zu lösen.

In der herkömmlichen Programmierung wird ein Problem durch eine Folge von Programmbefehlen beschrieben (imperativer Programmierstil), die zur Lösung des Problems abgearbeitet werden. Die Trennung zwischen dem Was und dem Wie ist nicht gegeben.

Die Idee und das Ideal der Logikprogrammierung ist, daß der Benutzer nur das Was (die Problembeschreibung) angibt, sich aber um das Wie (den Programmablauf) nicht kümmern muß. Uns interessiert nicht, wie die Lösung des Problems gefunden wird (prozeduraler Aspekt), sondern die Lösung selbst, d.h. unter welchen Bedingungen die Formel, die das Problem beschreibt, aus dem Wissen und den Annahmen folgt (deklarativer Aspekt).

Betrachten wir zum Beispiel das Sortieren der Elemente einer Liste in aufsteigender Reihenfolge. Prozedural kann man wie folgt vorgehen: Durchlaufe die Liste und vergleiche dabei benachbarte Elemente in der Liste. Falls das erste Element größer als das zweite Element ist, vertausche diese beiden Elemente. Wiederhole dies so lange für alle Elemente der Liste, bis keine Vertauschungen mehr möglich sind. Deklarativ betrachtet wissen wir, daß S die sortierte Liste einer Liste L ist genau dann, wenn S eine Permutation von L ist und wenn die Elemente von S in aufsteigender Reihenfolge geordnet sind. Desgleichen können wir Permutationen und Ordnungen definieren. Dieses Wissen bildet unsere Voraussetzungen. Die Formel für das Problem lautet: X ist die sortierte Liste von L. Für welchen Wert von X gilt, daß diese Formel aus den Voraussetzungen folgt?

Probleme brauchen nur logisch beschrieben zu werden, d.h. in Form einer Spezifikation. Damit eignen sich Sprachen der Logikprogrammierung gut für das „Rapid Prototyping", d.h. die schnelle Entwicklung und Weiterentwicklung von Prototypen auf der Basis unvollständiger Spezifikationen. Das zum Problem gehörige allgemeine Wissen und die konkreten Annahmen werden durch logische Formeln angegeben. Das Problem selbst wird ebenfalls als Formel ausgedrückt. Diese Formeln bilden dann die Spezifikation.

Da der Programmablauf nicht explizit angegeben wird, muß diese Art der Programmierung einen vorgegebenen, allgemeinen Algorithmus zur Auswertung des Wissens zur Problemlösung beinhalten. Damit wird dann selbsttätig festgestellt, ob bzw. unter welchen Bedingungen die Formel, die das Problem beschreibt, aus dem Wissen und den Annahmen folgt. Die Deklarativität der Logikprogrammierung wirkt sich günstig auf die Fehlersuche, das Testen und allgemein auf die Analyse von Programmen aus.

Als Logikprogrammiersprachen (LP-Sprachen) bezeichnet man all jene Programmiersprachen, die eine (eingeschränkte Untermenge einer) Logik ausführbar machen. Im allgemeinen (und in diesem Buch) wird das die Prädikatenlogik erster Stufe sein, es könnte sich aber auch um Logiken höherer Stufe bzw. modale oder temporale Logiken handeln.

Wir werden die Syntax und die Semantik von LP-Sprachen im engeren Sinn behandeln. Indem wir einen passenden logischen Kalkül für die operationale Semantik angeben, die deklarative Semantik eines Programmes definieren und die Übereinstimmung zwischen den beiden Semantiken zeigen. Die grundlegenden Definitionen zur Prädikatenlogik und zu Kalkülen finden sich in Kapitel 2.

3.1 LP-Kalkül

Um Syntax und operationale Semantik (auch: prozedurale Semantik) von LP-Sprachen zu beschreiben, geben wir einen einfachen, allgemeinen logischen Kalkül an.

Die Signatur des LP-Kalküls enthält beliebige Funktions- und Prädikatensymbole. Die Syntax ist den folgenden Definitionen und Abb. 3.1 zu entnehmen. Danach geben wir die Kongruenz und das zugehörige Zustandsübergangssystem an. Wir verwenden

Atome:	A, B	::=	$p(t_1, \ldots, t_n)$, $n \geq 0$
Ziele:	G, H	::=	$\top \mid \bot \mid A \mid G \wedge H$
Klauseln:	K	::=	$A \leftarrow G$
Programme:	P	::=	$\{K_1, \ldots, K_m\}$, $m \geq 0$

Abb. 3.1. LP-Syntax

zur Definition der abstrakten Syntax neben einer verbalen Definition auch die Darstellung in einer erweiterten Backus-Naur-Form (BNF). Eine Produktionsregel

Name: G, H ::= $A \mid B$, Bedingung

bedeutet, daß die Symbole G bzw. H (eventuell mit Indizes, z.B. G_2, oder gestrichen, z.B. G') „Name" genannt werden und von der Form A oder von der Form B sein können, falls die nachfolgende Bedingung erfüllt ist. Großbuchstaben stehen dabei für Ausdrücke, die wiederum durch Produktionsregeln definiert sind.

Definition 3.1.1. Ein *Ziel* (engl. goal)[1] ist entweder $\top$ oder $\bot$ oder ein Atom oder eine Konjunktion von Zielen. $\top$ wird auch *leeres Ziel* genannt. ◁

Definition 3.1.2. Eine *(L-)Klausel (definite Klausel)* hat die Form $A \leftarrow G$, wobei wir das Atom A als *Kopf* (engl. head) und das Ziel G als *Rumpf* (engl. body) der Klausel bezeichnen. Klauseln von der Form $A \leftarrow \top$ werden *Fakten* genannt, alle anderen *Regeln*.
Ein *Logikprogramm* ist eine endliche Menge von L-Klauseln. ◁

Im LP-Kalkül sind Zustände Paare aus einem Ziel und einer Substitution. Man unterscheidet zwischen erfolgreichen und erfolglosen Endzuständen, Ableitungen bzw. Zielen.

Definition 3.1.3. Ein *Zustand* ist ein Paar $\langle G, \theta \rangle$, wobei G ein Ziel ist und θ eine Substitution.
Ein *Anfangszustand* ist ein Zustand von der Form $\langle G, \varepsilon \rangle$, wobei ε die Identitätssubstitution ist.
Ein Zustand heißt *erfolgreicher Endzustand*, falls er von der Form $\langle \top, \theta \rangle$ ist. Er heißt *erfolgloser Endzustand (gescheitert)*, falls er von der Form $\langle \bot, \varepsilon \rangle$ ist. ◁

Intuitiv repräsentiert G die Ziele, die noch zu lösen sind, und θ die bisher berechneten Substitutionen.

Definition 3.1.4. Eine Ableitung ist *erfolgreich*, wenn ihr Endzustand erfolgreich ist. Eine Ableitung ist *erfolglos (gescheitert)*, wenn ihr Endzustand erfolglos (gescheitert) ist. Eine Ableitung ist *unendlich*, wenn sie keinen Endzustand hat.
Ein Ziel G ist *erfolgreich*, wenn es eine erfolgreiche Ableitung beginnend mit $\langle G, \varepsilon \rangle$ hat. Ein Ziel G ist *erfolglos (endlich gescheitert)*, wenn es nur erfolglose Ableitungen beginnend mit $\langle G, \varepsilon \rangle$ hat. ◁

---

[1] Wo die Rückübersetzung ins Englische nicht eindeutig bzw. offensichtlich ist, geben wir sie in Klammern an.

Zustände repräsentieren logische Formeln.

Definition 3.1.5. Jedem Zustand $\langle H, \theta \rangle$, der in einer Ableitung beginnend mit $\langle G, \varepsilon \rangle$ vorkommt, wird eine Formel $\exists \bar{x}\, H\theta$ als *logische Beschreibung* zugeordnet, wobei $\bar{x}$ für die Sequenz der Variablen steht, die in $H\theta$, aber nicht in G vorkommen. Die in G vorkommenden Variablen bleiben frei (unquantifiziert). $\lhd$

Im LP-Kalkül werden die Substitutionen explizit mitgeführt. Man ist nämlich nicht nur daran interessiert festzustellen, ob eine Instanz des Zieles G logisch aus einem Programm P folgt, sondern man möchte diese Instanz auch kennen.

Definition 3.1.6. Eine Substitution θ wird *(berechnete) Antwort eines Zieles G* genannt, falls es eine erfolgreiche Ableitung $\langle G, \varepsilon \rangle \longmapsto^* \langle \top, \beta \rangle$ gibt, so daß θ die eingeschränkte Substitution von β auf die Variablen von G ist. $\lhd$

Kommutativität:	$G_1 \wedge G_2$	$\equiv$	$G_2 \wedge G_1$
Assoziativität:	$G_1 \wedge (G_2 \wedge G_3)$	$\equiv$	$(G_1 \wedge G_2) \wedge G_3$
Identität:	$G \wedge \top$	$\equiv$	G
Absorption:	$G \wedge \bot$	$\equiv$	$\bot$

Abb. 3.2. Kongruenz

Die Kongruenz $\equiv$ (Abb. 3.2) besagt, daß es gleichgültig ist, in welcher Reihenfolge und Klammerung die Atome in einer Konjunktion auftreten. Darüber hinaus ist $\top$ in einer Konjunktion überflüssig, während $\bot$ alle anderen Konjunkte überflüssig macht. Wir werden für den Rest des Buches diese Kongruenz beibehalten.

Betrachten wir Abb. 3.3. In der Reduktionsregel *Entfalten* (engl. unfold) wird (unter Anwendung der Kongruenz) ein beliebiges Atom A aus dem Ziel G gewählt. Aus dem Programm P wird eine Variante einer beliebigen Klausel $(B \leftarrow H)$ gewählt, sodaß diese Variante nur neue, frische Variablen enthält und sodaß A unter der Substitution θ mit dem Kopf der Klausel B mit dem

allgemeinsten Unifikator β unifizierbar ist. Durch die Variantenbildung (Variablenumbennung (engl. standardization apart) wird
vermieden, daß Variablen im Programm P gebunden werden und
damit das Programm modifiziert wird und die Klausel nicht in
vollem Umfang wiederverwendbar ist. Im neuen Zustand wird A
durch den Rumpf der Klausel, H, ersetzt und die neue Substitution β auf die bereits vorhandene Substitution θ angewendet. Die

$$\boxed{\begin{array}{c}
\textit{Entfalten:} \\
(B \leftarrow H) \text{ aus } P \\
\beta \text{ ist allgemeinster Unifikator von } B \text{ und } A\theta \\
\hline
\langle A \wedge G, \theta \rangle \mapsto_{\text{Entfalten}} \langle H \wedge G, \theta\beta \rangle \\
\textit{Scheitern:} \\
\text{Es gibt keine Klausel } (B \leftarrow H) \text{ aus } P, \\
\text{so daß ein Unifikator von } B \text{ und } A\theta \text{ existiert} \\
\hline
\langle A \wedge G, \theta \rangle \mapsto_{\text{Scheitern}} \langle \bot, \varepsilon \rangle
\end{array}}$$

Abb. 3.3. LP-Reduktionsregeln

Reduktionsregel *Scheitern* (engl. failure) deckt den Fall ab, daß
für ein Atom A keine Klausel gefunden werden kann, mit der die
Reduktionsregel *Entfalten* möglich wäre.

In unserem einfachen LP-Kalkül ist die Auswahl (Selektion)
der Klausel innerhalb eines Programms P und die Auswahl des
Atoms A aus dem Ziel nicht vorbestimmt (Nichtdeterminismus).
Während die Klauselselektion über Erfolg oder Scheitern, über
die berechnete Antwort einer Ableitung, entscheiden kann, beein-
flußt die Selektion des Atoms lediglich die Länge der Ableitung
(im schlimmsten Fall unendlich). Bei der Behandlung des Nichtdeterminismus muß man darauf achten, daß alle möglichen erfolgreichen Endzustände berechnet werden können (Vollständigkeit).
Wir werden im nächsten Abschnitt sehen, wie die LP-Sprache
Prolog mit diesem Nichtdeterminismus umgeht.

Beispiel 3.1.1. Zur Illustration des LP-Kalküls wollen wir die Erreichbarkeit in einem gerichteten Graphen mit Hilfe eines Logikprogramms untersuchen.

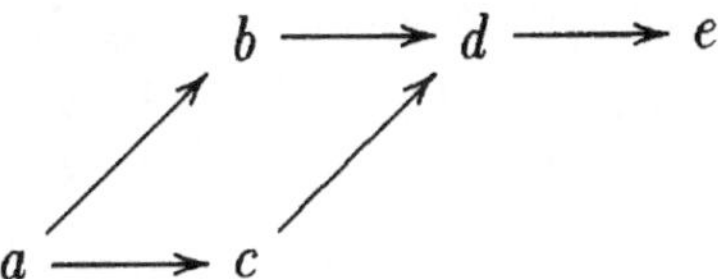

Die Kanten des Graphen werden durch das Prädikat **kante/2** beschrieben. Die direkten und indirekten Verbindungen zwischen den Knoten des Graphen werden durch das Prädikat **verbindung/2** definiert.

$$\{\textbf{kante(a,b)} \leftarrow \top, \qquad\qquad (k1)$$
$$\textbf{kante(a,c)} \leftarrow \top, \qquad\qquad (k2)$$
$$\textbf{kante(b,d)} \leftarrow \top, \qquad\qquad (k3)$$
$$\textbf{kante(c,d)} \leftarrow \top, \qquad\qquad (k4)$$
$$\textbf{kante(d,e)} \leftarrow \top, \qquad\qquad (k5)$$

$$\textbf{verbindung(Start,Ziel)} \leftarrow \qquad\qquad (v1)$$
$$\textbf{kante(Start,Ziel)},$$

$$\textbf{verbindung(Start,Ziel)} \leftarrow \qquad\qquad (v2)$$
$$\textbf{kante(Start,Knoten)} \wedge$$
$$\textbf{verbindung(Knoten,Ziel)}\}$$

Man kann jetzt durch das Ziel **verbindung(b,Y)** alle vom Knoten b aus erreichbaren Knoten Y bestimmen. Wenn man die erste Regel für das Prädikat **verbindung** und eine passende Kante auswählt, dann erhält man die Ableitung:

$$\langle \textbf{verbindung}(b, Y), \varepsilon \rangle$$
$$\longmapsto_{\textit{Entfalten } (v1)} \langle \textbf{kante}(S, Z), \{S \hookleftarrow b, Z \hookleftarrow Y\} \rangle$$
$$\longmapsto_{\textit{Entfalten } (k3)} \langle \top, \{S \hookleftarrow b, Z \hookleftarrow e, Y \hookleftarrow d\} \rangle$$

Eine berechnete Antwort für das obige Programm und das Ziel **verbindung(b,Y)** ist dann $\theta = \{Y \hookleftarrow d\}$, d.h. d ist ein aus b erreichbarer Knoten.

Wenn aber anstatt der ersten Regel $v1$ für **verbindung** die zweite Regel $v2$ ausgewählt wird, erhält man die Ableitung:

$$\langle \textbf{verbindung}(\textbf{b}, \textbf{Y}), \varepsilon \rangle$$
$$\longmapsto_{Entfalten\ (v2)} \langle \textbf{kante}(\textbf{S}, \textbf{K}) \wedge \textbf{verbindung}(\textbf{K}, \textbf{Z}), \{\textbf{S} \hookleftarrow \textbf{b}, \textbf{Z} \hookleftarrow \textbf{Y}\} \rangle$$
$$\longmapsto_{Entfalten\ (k3)} \langle \textbf{verbindung}(\textbf{K}, \textbf{Z}), \{\textbf{S} \hookleftarrow \textbf{b}, \textbf{Z} \hookleftarrow \textbf{Y}, \textbf{K} \hookleftarrow \textbf{d}\} \rangle$$
$$\longmapsto_{Entfalten\ (v1)} \langle \textbf{kante}(\textbf{K}, \textbf{Z}), \{\textbf{S} \hookleftarrow \textbf{b}, \textbf{Z} \hookleftarrow \textbf{Y}, \textbf{K} \hookleftarrow \textbf{d}\} \rangle$$
$$\longmapsto_{Entfalten\ (k5)} \langle \top, \{\textbf{S} \hookleftarrow \textbf{b}, \textbf{Z} \hookleftarrow \textbf{d}, \textbf{K} \hookleftarrow \textbf{d}, \textbf{Y} \hookleftarrow \textbf{e}\} \rangle$$

Eine zweite berechnete Antwort ist $\sigma = \{\textbf{Y} \hookleftarrow \textbf{e}\}$.

Betrachten wir nun die Frage, ob zwischen den Knoten **f** und **g** eine Verbindungskante existiert, d.h. das Ziel **verbindung(f,g)**. Mit der ersten Regel erhalten wir:

$$\langle \textbf{verbindung}(\textbf{f}, \textbf{g}), \varepsilon \rangle$$
$$\longmapsto_{Entfalten\ (v1)} \langle \textbf{kante}(\textbf{S}, \textbf{Z}), \{\textbf{S} \hookleftarrow \textbf{f}, \textbf{Z} \hookleftarrow \textbf{g}\} \rangle$$

Alle Ableitungen ausgehend vom diesem Zustand sind erfolglos, da für **kante(f,g)** keine passende Klausel existiert. Die Auswahl der zweiten Regel $v2$ für **verbindung** führt ebenfalls zu einer erfolglosen Ableitung, wenn im zweiten Ableitungsschritt das Ziel **kante(S,K)** zur Reduktion selektiert wird. Die andere Möglichkeit ist, das Ziel **verbindung(K,Z)** und die zweite Regel $v2$ für **verbindung** auszuwählen:

$$\langle \textbf{verbindung}(\textbf{f}, \textbf{g}), \varepsilon \rangle$$
$$\longmapsto_{Entfalten\ (v2)} \langle \textbf{kante}(\textbf{S}, \textbf{K}) \wedge \textbf{verbindung}(\textbf{K}, \textbf{Z}), \{\textbf{S} \hookleftarrow \textbf{f}, \textbf{Z} \hookleftarrow \textbf{g}\} \rangle$$
$$\longmapsto_{Entfalten\ (v2)} \langle \textbf{kante}(\textbf{S}, \textbf{K}) \wedge \textbf{kante}(\textbf{K}, \textbf{K1}) \wedge \textbf{verbindung}(\textbf{K1}, \textbf{Z}),$$
$$\{\textbf{S} \hookleftarrow \textbf{f}, \textbf{Z} \hookleftarrow \textbf{g}\} \rangle$$

Bei wiederholter Auswahl des jeweils neuen Zieles für **verbindung** ergibt sich eine unendliche Ableitung. $\lozenge$

3.2
Deklarative Semantik

Eine L-Klausel $A \leftarrow G$ kann als Implikation $G \rightarrow A$ verstanden werden. G ist die Konjunktion $A_1 \wedge \ldots \wedge A_n$. Die Implikation entspricht der Klausel $A \vee \neg A_1 \vee \ldots \vee \neg A_n$, was den Namen L-Klausel erklärt. Die logische Leseweise eines Programms P ist dann der universelle Abschluß der Konjunktion der Klauseln von P, wir schreiben dafür $P^{\rightarrow}$. ($P^{\rightarrow}$ ist also in der Klauselnormalform aus Kapitel 2.)

Mit dieser einfachen deklarativen Semantik können allerdings nur positive Informationen erschlossen werden, nicht aber negative. Da wir in weiterer Folge mit Negation umgehen wollen, reicht uns diese deklarative Semantik nicht aus.

Beispiel 3.2.1. Sei P das Logikprogramm aus Beispiel 3.1.1 und G das Ziel `verbindung(f,g)`. Das Ziel hat keine erfolgreiche Ableitung. Es gilt folgendes:

$$P^{\rightarrow} \not\models \mathtt{verbindung(f,g)} \quad \text{und} \quad P^{\rightarrow} \not\models \neg\mathtt{verbindung(f,g)}$$

Wenn man $P^{\rightarrow}$ aber so „vervollständigt", daß es nicht nur die aus den Klauseln resultierenden notwendigen Bedingungen (Implikationen), sondern auch die entsprechenden hinreichenden Bedingungen enthält (Implikation in die andere Richtung), dann folgt $\neg\mathtt{verbindung(f,g)}$ daraus. $\Diamond$

Auf diese Weise kommt man zu dem von Clark eingeführten Begriff der Vervollständigung eines Programms. Sie spiegelt die Intention des Programmierers besser wider.

Definition 3.2.1. Die *Vervollständigung* von P, $P^{\leftrightarrow}$, entsteht aus P, indem für jedes in P vorkommende n-stellige Prädikat p, das durch die Klauseln

$$
\begin{aligned}
p(\bar{t}_1) \quad &\leftarrow \quad G_1 \\
\vdots \quad\quad &\qquad\quad \vdots \\
p(\bar{t}_m) \quad &\leftarrow \quad G_m
\end{aligned}
$$

definiert ist, die Formel

$$
\begin{aligned}
p(\bar{x}) \quad \leftrightarrow \quad &\exists \bar{y}_1 \, (\bar{t}_1 \doteq \bar{x} \wedge G_1) \quad && \vee \\
&\qquad\qquad \vdots && \vee \\
&\exists \bar{y}_m \, (\bar{t}_m \doteq \bar{x} \wedge G_m) &&
\end{aligned}
$$

zu $P^{\leftrightarrow}$ hinzugenommen wird. Dabei steht $\bar{t}_i$ für eine Sequenz der Länge n von Termen, $\bar{x}$ für eine Sequenz der Länge n von paarweise verschiedenen Variablen, die in den ursprünglichen Regeln nicht vorkommen, und $\bar{y}_i$ für die Sequenz der in G_i und $\bar{t}_i$ vorkommenden Variablen.

Für jedes Prädikatensymbol p, das zwar in P erwähnt ist, aber nicht im Kopf einer Klausel von P vorkommt, wird die Formel

$$\neg p(\bar{x})$$

in $P^{\leftrightarrow}$ hinzugefügt. $\lhd$

Das Gleichheitszeichen $\doteq$ wird als spezielles binäres Prädikatensymbol (siehe auch Kapitel 2) durch Sätze beschrieben, die zu $P^{\leftrightarrow}$ hinzugenommen werden müssen.

Definition 3.2.2. Sei Σ eine Signatur. Eine *Theorie* ist eine Menge von Sätzen. $\lhd$

Definition 3.2.3. Sei Σ eine Signatur, die unendlich viele Funktionssymbole, davon mindestens eine Konstante, enthält. Die *Clarksche Gleichheitstheorie CET* ist die Formelmenge:

Reflexivität:
$\quad \forall(\top \rightarrow x \doteq x)$
Symmetrie:
$\quad \forall(x \doteq y \rightarrow y \doteq x)$
Transitivität:
$\quad \forall(x \doteq y \wedge y \doteq z \rightarrow x \doteq z)$
Verträglichkeit:
$\quad \forall(x_1 \doteq y_1 \wedge \ldots \wedge x_n \doteq y_n \rightarrow f(x_1, \ldots, x_n) \doteq f(y_1, \ldots, y_n))$
Zerlegung:
$\quad \forall(f(x_1, \ldots, x_n) \doteq f(y_1, \ldots, y_n) \rightarrow x_1 \doteq y_1 \wedge \ldots \wedge x_n \doteq y_n)$
Widerspruch:
$\quad \forall(f(x_1, \ldots, x_n) \doteq g(y_1, \ldots, y_m) \rightarrow \bot)$ falls $f \neq g$ oder $n \neq m$
Azyklizität:
$\quad \forall(x \doteq t \rightarrow \bot)$ falls t keine Variable ist und x in t vorkommt

Die ersten drei Sätze sagen aus, daß $\doteq$ eine Äquivalenzrelation ist.

Definition 3.2.4. Sei P ein Logikprogramm. Die *Clarksche Vervollständigung* $\mathcal{P}$ von P ist die Formelmenge:

$$\mathcal{P} := CET \cup P^{\leftrightarrow} \quad \lhd$$

Die deklarative und die operationale Semantik einer Sprache sollen einander möglichst gleichen. Einerseits soll alles, was ableitbar ist, auch logisch aus dem Programm folgen (Korrektheit), andererseits soll alles, was folgt, auch ableitbar sein (Vollständigkeit).

Theorem 3.2.1. Korrektheit und Vollständigkeit von erfolgreichen Ableitungen [Cla78] Sei P ein Logikprogramm, G ein Ziel und θ eine Substitution.

– **K.:** Wenn θ eine berechnete Antwort von G ist, dann gilt

$$\mathcal{P} \models \forall G\theta$$

– **V.:** Wenn $\mathcal{P} \models \forall G\theta$ gilt, dann gibt es eine berechnete Antwort σ von G, so daß $\theta = \sigma\beta$ ist.

Der Zusammenhang $\theta = \sigma\beta$ bedeutet, daß die berechnete Antwort allgemeiner ausfallen kann.

Beweis. – **K.:** Der Beweis erfolgt induktiv über die Länge n der erfolgreichen Ableitung.
Induktionsanfang: Sei $n = 1$, dann gibt es ein Faktum B in P und eine Substitution σ mit $B\sigma = G\sigma$. In diesem Fall ist $\theta = \sigma$. Da B aus P ist, gilt dann $\mathcal{P} \models \forall B$ und insbesondere gilt $\mathcal{P} \models \forall B\theta$.
Induktionsschritt: Sei $n > 1$, und G habe die erfolgreiche Ableitung D:

$$\langle G, \epsilon \rangle \mapsto \langle G_1, \tau_1 \rangle \mapsto \ldots \mapsto \langle \mathsf{T}, \tau_1 \ldots \tau_n \rangle$$

Sei $G = A_1 \wedge \ldots \wedge A_k$ und $K_1 = B \leftarrow H$ die Klausel, die ausgewählt wurde, um den ersten Ableitungsschritt durchzuführen, und sei A_1 das ausgewählte Atom. Nach Definition gilt: $A\tau_1 = A_1\tau_1$, und G_1 ist das Ziel $(H \wedge A_2 \wedge \ldots \wedge A_k)$. Wir betrachten die folgende Ableitung D_1 der Länge $n - 1$:

$$\langle G_1\tau_1, \epsilon \rangle \mapsto \langle G_2, \tau_2 \rangle \mapsto \ldots \mapsto \langle \top, \tau_2 \ldots \tau_n \rangle$$

Nach Induktionsvoraussetzung ist $\sigma = \tau_2 \ldots \tau_n$ die berechnete Antwort von $G_1\tau_1$, es gilt $\mathcal{P} \models \forall(G_1\tau_1)\sigma$. $\tau = \tau_1\sigma$ ist die berechnete Antwort von G. Aus $\mathcal{P} \models \forall(G_1\tau_1)\sigma$ erhalten wir dann:

$$\mathcal{P} \models (H\tau_1 \wedge A_2\tau_1 \wedge \ldots \wedge A_k\tau_1)\sigma.$$

Also $\mathcal{P} \models A_j\tau$, $1 < j \leq k$ und $\mathcal{P} \models H\tau$. Da K_1 aus P ist, gilt auch $\mathcal{P} \models H\tau \to B\tau$ und damit: $\mathcal{P} \models B\tau$. Da $B\tau_1 = A_1\tau_1$, folgt schließlich $\mathcal{P} \models G\tau$.

- **V.:** Sei G das Ziel $A_1 \wedge \ldots \wedge A_k$. Da $\mathcal{P} \models (A_1 \wedge \ldots \wedge A_k)\theta$, kann man leicht beweisen, daß jedes A_i $(i = 1, \ldots k)$ eine erfolgreiche Ableitung mit der berechneten Antwort ϵ hat. Wir können dann diese erfolgreichen Ableitungen kombinieren, so daß $G\theta$ eine erfolgreiche Ableitung mit der berechneten Antwort ϵ hat. Sei $\theta_1, \ldots, \theta_n$ die Sequenz der allgemeinsten Unifikatoren der Ableitung von $G\theta$, dann gilt $G\theta\theta_1 \ldots \theta_n = G\theta$. Man kann jetzt beweisen, daß G eine erfolgreiche Ableitung mit den allgemeinsten Unifikatoren $\theta_1', \ldots, \theta_n'$ hat, so daß $\theta\theta_1 \ldots \theta_n = \theta_1' \ldots \theta_n'\beta$ für eine Substitution β gilt. Sei σ die Substitution $\theta_1' \ldots \theta_n'$ eingeschränkt auf die Variablen von G, dann gilt $\theta = \sigma\beta$. $\quad\square$

Definition 3.2.5. Eine Ableitung ist *fair*, wenn sie entweder scheitert oder wenn jedes Atom, das in der Ableitung vorkommt, nach endlich vielen Reduktionen ausgewählt wird. $\triangleleft$

Theorem 3.2.2. Korrektheit und Vollständigkeit von erfolglosen Ableitungen [Cla78] Sei P ein Logikprogramm und G ein Ziel. Jede faire Ableitung beginnend mit $\langle G, \epsilon \rangle$ scheitert endlich genau dann, wenn $\mathcal{P} \models \neg\exists G$.

Beweis. - **K.:** Der Beweis erfolgt induktiv über die maximale Länge n der Ableitungen:
Induktionsanfang: $n = 1$. Da jede Ableitung von G endlich scheitert, kann es keine Klausel in P geben, deren Kopf mit G unifizierbar ist. Es gilt dann $\mathcal{P} \models \neg\exists G$.

Induktionssschritt: Wir beweisen dies für den Fall, daß G eine atomare Formel ist. Ist $n > 1$, so hat $\langle G, \epsilon \rangle$ für jede Klausel $C_i \leftarrow B_{i,1} \wedge \ldots \wedge B_{i,k}$, deren Kopf C_i mit G unifizierbar ist (σ_i sei der allgemeinste Unifikator), einen Nachfolgezustand $\langle B_{i,1} \wedge \ldots \wedge B_{i,k}, \sigma_i \rangle$. Alle $B_{i,1} \wedge \ldots \wedge B_{i,k}\sigma_i$ scheitern endlich. Nach Induktionsvoraussetzung gilt dann $\mathcal{P} \models \neg \exists B_{i,1} \wedge \ldots \wedge B_{i,k}$, woraus $\mathcal{P} \models \neg \exists G$ folgt.

- **V.:** Wir führen den Beweis durch Widerspruch. Wir nehmen an, daß G nicht endlich scheitert, und wollen zeigen, daß $\mathcal{P} \models \neg \exists G$ nicht gelten kann, indem wir ein Modell von $\mathcal{P} \cup \{\exists G\}$ konstruieren. Wir unterscheiden zwei Fälle:

G hat eine erfolgreiche Ableitung, dann folgt aus dem Korrektheitssatz $\mathcal{P} \models \exists G$. Da P eine Menge von definiten Klauseln ist, kann man zeigen, daß $\mathcal{P}$ konsistent ist. Doch können die Folgerungsbeziehungen $\mathcal{P} \models \exists G$ und $\mathcal{P} \models \neg \exists G$ nicht beide gelten.

Falls G eine unendliche Ableitung hat, konstruiert man aus den einzelnen Zuständen der Ableitung ein Modell für $\mathcal{P} \cup \{\exists G\}$. Dies führt zum Widerspruch zur Voraussetzung $\mathcal{P} \models \neg \exists G$. $\square$

3.3
Negation durch Scheitern

In der bisherigen Syntaxdefinition von Logikprogrammen haben wir noch keine Negation vorgesehen. Motiviert von den Eigenschaften der Clarkschen Vervollständigung läßt sich der LP-Kalkül um weitere Reduktionsregeln erweitern, die eine bestimmte Art der Negation ermöglichen (Syntax siehe Abb. 3.4): Ein Ziel $\neg A$ ist erfolgreich genau dann, wenn das Ziel A endlich scheitert – und umgekehrt. Diese Art der Negation bezeichnet man als „Negation durch Scheitern" (engl. Negation as Failure, NaF).

Der LP-Kalkül (Abb. 3.3) kann um Negation durch Scheitern erweitert werden (Abb. 3.5). Die Behandlung der Negation be-

$$\boxed{\text{Ziele:} \quad G, H \quad ::= \quad \top \mid \bot \mid A \mid \neg A \mid G \wedge H}$$

Abb. 3.4. Erweiterte Syntax von Zielen

dingt einen rekursiven Aufbau der Reduktionsregel: Für das negierte Ziel muß man eine „Unter-Ableitung" berechnen, und diese kann wiederum negierte Atome enthalten. Man beachte, daß eine Negation keine Substitutionen erzeugen kann.

$$
\begin{array}{l}
\textit{Scheitern NaF:} \\
\quad \dfrac{\langle A, \theta \rangle \mapsto^* \langle \top, \beta \rangle}{\langle \neg A \wedge G, \theta \rangle \mapsto \langle \bot, \varepsilon \rangle} \\
\textit{Erfolg NaF:} \\
\quad \dfrac{\text{Jede Ableitung von } A \text{ scheitert endlich: } \langle A, \theta \rangle \mapsto^* \langle \bot, \varepsilon \rangle}{\langle \neg A \wedge G, \theta \rangle \mapsto \langle G, \theta \rangle}
\end{array}
$$

Abb. 3.5. Reduktionsregeln für negierte Atome

Mit der Negation durch Scheitern entfernt man sich jedoch beträchtlich von der Negation der klassischen Logik. Insbesondere zerstört Negation durch Scheitern die Eigenschaft des LP-Kalküls ohne Negation, daß erfolgreiche Ableitungen erhalten bleiben, wenn man dem Programm Klauseln hinzufügt.

Beispiel 3.3.1. Gegeben sei das Programm $\{\mathtt{p(a)} \leftarrow \top\}$. Dann scheitert das Ziel $\mathtt{p(b)}$. Daher ist das negierte Ziel $\neg\mathtt{p(b)}$ erfolgreich. Fügt man aber dem Programm das Faktum $\mathtt{p(b)} \leftarrow \top$ hinzu, dann ist das Ziel $\mathtt{p(b)}$ erfolgreich, und daher scheitert nun $\neg\mathtt{p(b)}$. Es gibt somit eine erfolgreiche Ableitung weniger. $\Diamond$

Betrachten wir die deklarative Semantik von Programmen, die negierte Atome im Rumpf von Klauseln zulassen. Es zeigt sich, daß die Clarksche Vervollständigung nur bedingt dafür geeignet ist (aber besser als die ursprüngliche einfache Semantik). Ursprünglich konsistente Formelmengen können durch die Vervollständigung in inkonsistente Mengen überführt werden:

Beispiel 3.3.2. Sei $P = \{\mathtt{p} \leftarrow \neg\mathtt{p}\}$ ein Logikprogramm. Die Vervollständigung von P

$$\mathcal{P} = \{p \leftrightarrow \neg p\} \cup CET$$

ist eine inkonsistente Formelmenge. $\Diamond$

In diesen Fällen sind die Korrektheitsaussagen aus Satz 3.2.1 und Satz 3.2.2 trivialerweise richtig, da aus einer inkonsistenten Formelmenge jede beliebige Formel folgt.

3.4 Prolog

In diesem Abschnitt beschreiben wir kurz die grundlegenden Eigenschaften von Prolog, der bekanntesten Implementierung einer LP-Sprache (Abb. 3.6).

um 1964	J. A. Robinson, Resolutionsprinzip
um 1972	A. Colmerauer, Marseille, Thereombeweiser für natürlichsprachiges Verstehen, genannt Prolog
um 1972	R. A. Kowalski, Edinburgh, prozedurale Interpretation von Klauseln
1975	D. H. D. Warren, London, Warren Abstract Machine (WAM) erste effiziente Implementierung, erster Compiler, fast ganz in Prolog
1982–1994	Fifth Generation Computing Project, Japan
1984–1996	LP am European Computer-Industry Research Center (ECRC), München, ECL^{i}PS^e Prolog mit etwa 300 Lizenzen weltweit
seit 1985	LP am Swedish Insitute of Computer Science (SICS), SICStus Prolog mit etwa 500 Lizenzen weltweit
80er Jahre	EG Esprit-Projekte im Bereich LP
80er Jahre	Borlands Turbo-Prolog, Pascal-ähnliche, Prolog-artige Sprache
1996	Prolog ISO-Standard

Abb. 3.6. Entwicklung von Prolog

Die Vorläufer der Logikprogrammierung sind im automatischen Beweisen (Automated Theorem Proving) und Planen zu suchen. Das automatische Führen von Beweisen mathematischer

Aussagen durch Computerprogramme geht bis in die Zeit unmittelbar nach dem Zweiten Weltkrieg zurück. Die Hoffnung vieler Forscher in den sechziger Jahren, dadurch neue mathematische Erkenntnisse gewinnen zu können, erwies sich allerdings als überzogen.

Die Anfang der siebziger Jahre von Alain Colmerauer (Marseille) und Robert Kowalski (Edinburgh) entwickelte, auf der Prädikatenlogik beruhende Programmiersprache Prolog (französische Abkürzung für *„Pro*grammation en *Log*ique") hat mit der Entscheidung, im japanischen Fifth Generation Computer Systems Project (FGCS) logische Programmiersprachen zu verwenden, in den achtziger Jahren einen starken Aufschwung erlebt.

Prolog ist eine Programmiersprache, die vor allem für Probleme in der Künstlichen Intelligenz (KI) verwendet wird. Sie fand kommerzielle Anwendung in Expertensystemen, etwa für Boeing, AT&T, British Telecom und australische Farmer, die damit ihre Schweinezucht optimieren. Microsoft Windows NT verwendet einen kleinen Prolog-Interpreter, um optimale Konfigurationen für Netzwerke automatisch zu erzeugen. KnowledgeWare's Application Development Workbench (ADW), eines der meistverkauften CASE-Werkzeuge (im Jahr 1995 ca. 60 000 Linzenzen weltweit), enthält etwa eine viertel Million Prolog-Programmzeilen. Die Firma vermutet, daß das Programm in C fast zehnmal so groß geworden (und damit die Wartbarkeit entsprechend beeinträchtigt) wäre.

Anfang der neunziger Jahre wurde klar, daß das japanische FGCS Forschungsprojekt seine ehrgeizigen Ziele, alle Gesellschaftsbereiche mit Anwendungen der KI zu durchdringen, nicht erreichen konnte. Derzeit stagniert die kommerzielle Nachfrage nach Prolog.

Die konkrete Syntax von Prolog nach dem ISO-Standard unterscheidet sich von der vorgestellten Syntax von LP-Sprachen nur darin, daß das Zeichen „←" durch die Symbolfolge „:−" und das Zeichen „∧" durch ein Komma „," ersetzt werden. Klauseln werden mit einem Punkt „.‟ beendet, statt durch Kommata getrennt.

Um Ziele zu bearbeiten, verwendet Prolog die *SLDNF-Resolution* („**L**inear resolution with **S**election function for **D**efinite clauses with **N**egation as **F**ailure") als Beweisverfahren. Die SLDNF-Resolution konkretisiert den einfachen vorgestellten LP-Kalkül, indem sie den Nichtdeterminismus (Auswahl von Klauseln und Atomen) nach einem festen Schema auflöst und Negation durch Scheitern nur für zur Laufzeit unter den aktuellen Substitutionen variablenfreie Ziele erlaubt.

Beispiel 3.4.1. Wir zeigen an einem Beispiel, daß Ziele mit Variablen zu einem Widerspruch mit der deklarativen Semantik führen können. Gegeben sei das Programm aus Beispiel 3.1.1. Um das Ziel $\neg$**verbindung(X,Y)** zu bearbeiten, müssen wir nach der SLDNF-Resolution zuerst **verbindung(X,Y)** berechnen. Dieses Ziel ist erfolgreich, eine Antwort ist z.B. $\{X \leftarrow a, Y \leftarrow b\}$. Daher scheitert das Ziel $\neg$**verbindung(X,Y)** endlich, d.h. es ist nicht der Fall, daß es keine Verbindung zwischen zwei beliebigen Knoten gibt. Es gibt aber z.B. keine Verbindung von **b** nach **a**. $\Diamond$

In Prolog wird immer das am weitesten links stehende Literal eines Zieles selektiert und ganz entfaltet. Dabei werden die Klauseln in textueller Reihenfolge ausgewählt: Scheitert die Ableitung mit einer bestimmten Klausel, versucht man, durch ein systematisches Suchverfahren, nämlich *Rücksetzen* (engl. backtracking), aus der Sackgasse zu kommen: Es wird eine neue Ableitung für das Literal mit Hilfe der nächsten Klausel versucht. Man versucht immer, das zuletzt gewählte Literal, bei dem noch Klauseln zur Auswahl stehen, erneut zu entfalten (chronologisches Rücksetzen). Es wird so versucht, nur einen möglichst kleinen Teil der Gesamtableitung neu zu berechnen. Auf diese Weise werden erfolgreiche Ableitungen gesucht.

Man beachte, daß in unserem LP-Kalkül die Suche durch Rücksetzen nicht explizit zum Ausdruck kommt. Die Auswahl der Klauseln bei der Suche durch Rücksetzen wird als „don't know"-Nichtdeterminismus bezeichnet. Wir werden später bei nebenläufigen Sprachen eine andere Art von Nichtdeterminismus kennenlernen.

Die Selektionsregel für das Literal zusammen mit dem chronologischen Rücksetzen führt dazu, daß eine Ableitung ganz berechnet wird, bevor Alternativen untersucht werden. Dieses Verfahren nennt man *Tiefensuche*. Sie ist zwar effizient und einfach implementierbar, hat aber auch Nachteile: Unter Umständen ist die erste berechnete Ableitung unendlich, so daß andere (erfolgreiche) Ableitungen nicht mehr gefunden werden können. Umgekehrt kann durch die Änderung der Reihenfolge der Klauseln und Literale eines Programmes erreicht werden, daß eine unendliche Ableitung vermieden wird oder zumindest später auftritt. Die strikte Trennung zwischen dem Was und Wie eines Algorithmus verschwimmt, da der Programmierer den Programmablauf beeinflussen kann.

Prolog-Prädikate unterscheiden nicht zwischen Ein- und Ausgabeparametern. Die Berechnungen können rein relational erfolgen, unabhängig davon, welche Parameter bekannt sind (Multidirektionalität). Man kann so auch „rückwärts" rechnen (Invertierbarkeit). Allerdings ist dies in der Praxis oft gar nicht nötig oder doch nicht möglich. Entweder führt es zu einer unendlichen Ableitung, wenn Argumente nicht angegeben werden, oder zu Fehlermeldungen von vordefinierten Prädikaten (engl. built-in predicates). In Prolog gibt es z.B. ein vordefiniertes Prädikat `is/2`, das arithmetische Ausdrücke in der üblichen Weise interpretiert. So läßt sich nun `X is 1+2` berechnen mit der Antwort $X \leftarrow 3$. Allerdings liefert in Prolog das Ziel `3 is Y+2` eine Fehlermeldung, da im arithmetischen Ausdruck keine ungebundenen Variablen vorkommen dürfen.

Die Idee der Deklarativität der Logikprogrammierung wird durch die in Prolog verwendete Selektionsregel und manche vordefinierte Prädikate verletzt. Wir werden im nächsten Kapitel sehen, daß das Programmieren mit Constraints zum Teil die erwähnten Probleme effizient behandeln kann und so der gewünschten Deklarativität der Logikprogrammierung wieder näherkommt.

4 Constraint-Logikprogrammierung

Die Constraint-Logikprogrammierung (CLP) entstand Mitte der achtziger Jahre als natürliche Fusion zweier deklarativer Paradigmen: Lösen von Constraints und Logikprogrammierung (Abb. 4.1).

Constraintprobleme (engl. constraint satisfaction problems, CSP) über endlichen Wertebereichen sind bereits seit den siebziger Jahren im Bereich der Künstlichen Intelligenz erforscht worden. Allgemein betrachtet besteht ein Constraintproblem aus einer Menge von Variablen und Constraints, d.h. Relationen, die Eigenschaften dieser Variablen sowie Beziehungen zwischen den Variablen ausdrücken. Eine Lösung eines Constraintproblemes ist eine Belegung der Variablen mit Werten, so daß alle Constraints erfüllt sind. Wir sprechen dabei davon, daß die Constraints gelöst werden.

Ende der siebziger Jahre begann man, Constraints in Werkzeugen und Programmiersprachen verfügbar und behandelbar zu machen, um damit die Constraintprobleme flexibel nach Bedarf erzeugen und lösen zu können. Diese Systeme waren vor allem für interaktive graphische Anwendungen gedacht (Abb. 4.1).

In der Logikprogrammierung (LP) wiederum gab es Bestrebungen, LP noch deklarativer (flexiblere Selektionsregel), schneller (gezieltere Suche) und allgemeiner (erweiterte Gleichheit) zu machen. Zum Beispiel bewirkt das Ziel $X \doteq 1+2$ lediglich eine Bindung von X an den Term $1+2$, da das Funktionssymbol + wie alle anderen Funktionssymbole im LP-Kalkül nicht interpretiert wird. Man war nun an einer Erweiterung der Unifikation um interpretierte Funktionssymbole interessiert. Damit wird die rein syntaktische Gleichheit zur Gleichung verallgemeinert, die gelöst werden muß. Diese Gleichungen können wir als Constraints verstehen.

1963	Sutherland, Sketchpad, Graphiksystem für geometrisches Zeichnen
1970	Montanari, Formalisierung der Constraint-Netzwerke
1970	Fikes, REF-ARF, Sprache für ganzzahlige, lineare Gleichungen
1972	Colmerauer sowie R.A. Kowalski, Prolog
1977	Mackworth, Algorithmen für Constraint-Netzwerke
1978	Lauriere, Alice, Sprache für kombinatorische Probleme
1979	Borning, Thinglab, interaktives Graphiksystem
1980	Steele, Constraints, erste Constraint-Sprache, in LISP
1982	Colmerauer, Prolog II, Prolog mit Gleichheitsconstraints
1987	Ait-Kaci, Austin, Texas, Life, Prolog mit Gleichheitsconstraints
	Jaffar und Lassez, Monash Univ. Melbourne, CLP-Schema
	Jaffar, CLP(R), Monash Univ. Melbourne, arithmetische Constraints
1988	Hentenryck, CHIP, ECRC München, endliche Bereiche
	Höhefeld und Smolka, IBM Stuttgart, allgemeineres CLP-Schema
	Voda, Vancouver, Trilogy, CLP-ähnlich mit Ganzzahlarithmetik
	Older, Ottawa, Bell-Northern Research, Intervalle
	Aiba, Tokyo, ICOT, nichtlineare Gleichungssysteme
	Leler, Termersetzungssprache zum Schreiben von Constraints
	Colmerauer, Prolog III, Univ. Marseille, Constraints über Listen

Abb. 4.1. Anfänge der Constraint-Programmierung bis 1988

Wir können in CLP-Sprachen etwa $X-Y \doteq 3 \ \wedge \ X+Y \doteq 7$ schreiben und erhalten die Lösung $X \doteq 5 \ \wedge \ Y \doteq 2$. Dazu erweitert man die Unifikation so, daß sie, wann immer ein arithmetisches Funktionssymbol in einer Gleichung vorkommt, diese Teilgleichung an einen Gleichungslöser weitergibt. Damit lassen wir nicht nur un-

interpretierte Funktionssymbole zu, sondern auch interpretierte
wie +. Analog behandelt man nicht nur die Gleichheit, sondern
auch Konjunktionen von bestimmten anderen Relationen speziell. Zum Beispiel die Ordnungsrelation <: Ein Ziel wie X<Y ∧ Y<X
scheitert (und dazu braucht man nicht zu wissen, welche Werte
die beiden Variablen annehmen).

Die Idee der Constraint-Logikprogrammierung ist, gewisse
syntaktisch ausgezeichnete Prädikate, die wir Constraints nennen, nicht mittels SLDNF-Resolution, sondern durch spezielle Algorithmen über bestimmten Wertebereichen zu lösen.

CLP-Sprachen vereinigen die Vorteile von LP-Sprachen (deklarativ, für beliebige Prädikate, nichtdeterministisch) mit denen von Constraintlösen (deklarativ, effizient für spezielle Prädikate, deterministisch). Die Kombination von Suche mit Constraintlösen ist besonders nützlich, wenn man kombinatorische
Probleme lösen möchte, die meist exponentielle Komplexität haben, d.h. schnell praktisch unlösbar werden. Die erhöhte Deklarativität verringert zudem den Programmieraufwand.

Bereits Colmerauers LP-Sprache Prolog II von 1982 erweiterte
die Unifikation um die Behandlung von unendlichen, zyklischen
Termen (engl. rational trees) im Sinne von Gleichheitsconstraints
(siehe auch Abschnitt 8.1). Aus diesen Entwicklungen heraus entstanden dann in der zweiten Hälfte der achtziger Jahre die ersten
CLP-Sprachen, nämlich CLP(R), CHIP und Prolog III.

CLP(R) bot erstmals eine saubere, deklarative Lösung für
die Behandlung von arithmetischen Ausdrücken in LP-Sprachen
durch die Einführung von Gleichungen zwischen linearen arithmetischen Ausdrücken über Fließkommazahlen. In Prolog III gab
es unter anderem auch lineare Gleichungen — im Gegensatz zu
CLP(R) aber erstmals über rationalen Zahlen (Bruchzahlen).

In CHIP wurden erstmals Constraints über endlichen Wertebereichen (Aufzählungen), wie sie aus der Künstlichen Intelligenz
bekannt waren, sowie Constraints aus der Booleschen Algebra in
eine LP-Sprache integriert, um kombinatorische Probleme mit
weniger (gezielterer) Suche lösen zu können.

4.1
Constraintsysteme

Ein vereinheitlichendes Modell für eine formal-logische Beschreibung von CLP, das CLP-Schema, stellten Jaffar und Lassez in [JL87] vor. Das CLP-Schema beschreibt eine Erweiterung von LP um Constraints, wobei man die positiven theoretischen Eigenschaften von LP möglichst beibehalten hat. Constraints werden als spezielle Prädikate aufgefaßt. Ein allgemeineres Schema wird durch Höhefeld und Smolka in [HS88] angegeben. Der Hauptunterschied zwischen diesen beiden Schemata liegt in der Vielfältigkeit der Constraints. Während das Höhefeld-Smolka-Schema Constraints über mehrere Wertebereiche (auch: Constraintbereiche) zuläßt, werden beim CLP-Schema nur Constraints über einen einzigen Wertebereich erlaubt.

Die Art der Constraints und der Wertebereiche bestimmt das Constraintsystem, das die Syntax und die Semantik der Constraints festlegt. Beispiele für Constraintsysteme sind lineare Gleichungssysteme über reelle Zahlen, die Boolesche Algebra, Rechnen mit endlichen Wertebereichen oder die Manipulation von Zeichenketten.

Im Höhefeld-Smolka-Schema wird mit einem Constraintsystem angegeben, um welche Constraintsymbole es sich handelt, wie die Constraints definiert sind und welche Constraints erlaubt sind. Wir definieren ein Constraintsystem nach dem Höhefeld-Smolka-Schema wie folgt:

Definition 4.1.1. Ein *Constraintsystem* ist ein Tripel $(\Sigma, CT, \mathcal{C})$. Dabei sind

- Σ eine Signatur, die mindestens die nullstelligen Constraintsymbole *true* und *false* enthält,
- die *Constrainttheorie CT* eine nichtleere, konsistente Theorie über Σ, und
- die *erlaubten Constraints* $\mathcal{C}$, eine Menge von Formeln über Σ enthält, so daß
  - *true* $\in \mathcal{C}$ und *false* $\in \mathcal{C}$

– $\mathcal{C}$ abgeschlossen ist unter Konjunktion und Variablenumbenennung (Variantenbildung)[1] $\lhd$

Die Constrainttheorie CT schränkt die möglichen Interpretationen für Constraintsymbole ein, indem ihre Eigenschaften durch Sätze beschrieben werden. Die Definition der erlaubten Constraints $\mathcal{C}$ stellt sicher, daß wir mit Konjunktionen von Constraints arbeiten können, d.h. daß wir Constraints als Ziele in den Rümpfen von Klauseln verwenden können. Gleichzeitig schränkt üblicherweise $\mathcal{C}$ die Formeln so ein, daß eine effiziente Implementierung des Algorithmus zum Lösen dieser Constraints möglich ist.

Beispiel 4.1.1. Das Constraintsystem E (engl. Herbrand system) stellt Constraints für die Gleichheit von Termen, d.h. endlichen Bäumen (engl. finite trees), zur Verfügung. Die Signatur von E enthält unendlich viele Funktionssymbole, davon mindestens eine Konstante, das zweistellige Constraintsymbol $\doteq$ und die nullstelligen Constraintsymbole *true* und *false*.
Als Constrainttheorie von E wählen wir die Clarksche Gleichheitstheorie CET (siehe Definition 3.2.3).
Die erlaubten Constraints von E haben die Form

$$C \quad ::= \quad \textit{true} \quad | \quad \textit{false} \quad | \quad s \doteq t \quad | \quad C \wedge C$$

wobei s und t beliebige Terme über der Signatur von E sind. $\Diamond$

Im folgenden gehen wir davon aus, daß die Signatur Σ auch das Symbol $\doteq/2$ enthält. Dementsprechend fügt man die zugehörige Constrainttheorie CET zu CT und die Gleichheit zwischen bestimmten Termen als erlaubtes Constraint zu $\mathcal{C}$ hinzu.

Wir stellen nun wichtige Eigenschaften von Constraintsystemen vor. Als Constrainttheorie CT bevorzugt man eine vollständige Theorie.

Definition 4.1.2. Eine Theorie T heißt *vollständig* (engl. complete), falls für jeden Satz φ gilt: $T \models \varphi$ oder $T \models \neg\varphi$. $\lhd$

---

[1] Eine strengere Bedingung ist, Abschluß unter existenzieller Quantifizierung zu fordern. Für unsere Zwecke reicht die angegebene Bedingung aus.

Es reicht aber aus, wenn CT eine schwächere Vollständigkeitsbedingung erfüllt, da wir es in unseren Kalkülen nur mit existentiell quantifizierten Variablen zu tun haben.

Definition 4.1.3. Gegeben sei ein Constraintsystem $(\Sigma, CT, \mathcal{C})$. Eine Constrainttheorie CT heißt *erfüllbarkeitsvollständig* genau dann, wenn entweder $CT \models \exists C$ oder $CT \models \neg \exists C$ für alle Constraints $C \in \mathcal{C}$ gilt. $\lhd$

Der Unterschied zur Vollständigkeit liegt in der Einschränkung auf existenzquantifizierte Formeln und nur solche aus $\mathcal{C}$.

Beispiel 4.1.2. Die Gleichheitstheorie CET des Constraintsystems E ist vollständig. Wenn die Signatur von E nur noch endlich viele Funktionssymbole (davon mindestens eine Konstante) enthielte, dann wäre CET nicht mehr vollständig, aber erfüllbarkeitsvollständig [Mah93]. $\Diamond$

Eine weitere wichtige Eigenschaft von Constraintsystemen ist die *Unabhängigkeit*. Wie wir sehen werden, ermöglicht diese Eigenschaft einen kompakteren Vollständigkeitssatz für CLP-Sprachen und eine effiziente Behandlung negierter Constraints. In einem unabhängigen Constraintsystem ist eine Konjunktion von positiven Constraints und negierten Constraints genau dann erfüllbar, wenn jedes negierte Constraint für sich mit allen positiven Constraints erfüllbar ist.

Definition 4.1.4.
Ein Constraintsystem $(\Sigma, CT, \mathcal{C})$ heißt *unabhängig* genau dann, wenn für beliebige Constraints $C, C_1, \ldots, C_n \in \mathcal{C}$ gilt:

$$CT \models \exists (C \wedge \neg C_1 \wedge \ldots \wedge \neg C_n) \text{ gdw. } CT \models \exists (C \wedge \neg C_i) \text{ für alle } C_i \lhd$$

Beispiel 4.1.3. Das Constraintsystem INT (siehe auch das Constraintsystem FD Abschnitt 8.3), das Constraints für ganze Zahlen zur Verfügung stellt, ist nicht unabhängig. Die Signatur von INT enthält die Konstanten $0, -1, 1, -2, 2, \ldots$, die zweistelligen Funktionssymbole $+$ und $*$ sowie das zweistellige Constraintsymbol $<$. Als Theorie CT von INT kann man die Sätze wählen, die für ganze Zahlen gültig sind. Die erlaubten Constraints von INT haben die Form:

$$C ::= s \doteq t \quad | \quad \textit{true} \quad | \quad \textit{false} \quad | \quad s < t \quad | \quad C \wedge C$$

wobei s und t beliebige Terme über der Signatur von INT sind. Das Constraintsystem INT ist nicht unabhängig, da z.B.

$$CT \models \exists X, Y \, \neg(X < Y),$$
$$CT \models \exists X, Y \, \neg(X \doteq Y) \text{ und}$$
$$CT \models \exists X, Y \, \neg(Y < X) \text{ aber}$$
$$CT \not\models \exists X, Y \, (\neg(X < Y) \wedge \neg(X \doteq Y) \wedge \neg(Y < X)).$$

Wenn man $<$ und $*$ von der Signatur von INT eliminiert, dann erhält man ein unabhängiges Constraintsystem (lineare Gleichungen). $\Diamond$

Das vorgestellte Constraintsystem E ist ebenfalls unabhängig.

4.2
Constraintlöser

Ein *Constraintlöser* implementiert einen speziellen Algorithmus zum Lösen der erlaubten Constraints eines Constraintsystems im Einklang mit der Constrainttheorie. Er sammelt die aus dem Programmablauf resultierenden Constraints, prüft ihre Erfüllbarkeit und vereinfacht und löst die Constraints. Genauer gesagt soll der Constraintlöser möglichst folgende Berechnungsdienste (engl. reasoning services) durchführen können (nach der Wichtigkeit geordnet):

- Konsistenztest (Erfüllbarkeitstest) (engl. satisfiability, consistency): Ist C in der Constrainttheorie erfüllbar, $CT \models \exists C$?
- Simplifikation (Vereinfachung): Wenn $CT \models \forall(C \leftrightarrow C')$ und C' „einfacher" ist als C, dann ersetze C durch C'. In der Regel wird C' eine Normalform von C sein. Wenn ein Constraintlöser ein neu hinzukommendes Constraint zusammen mit den bisherigen Constraints vereinfachen kann, ohne die Vereinfachung der bisherigen Constraints zu wiederholen, sprechen wir davon,

daß der Constraintlöser inkrementell ist. *Inkrementalität* ist eine wichtige Voraussetzung für die effiziente Implementierung eines Constraintlösers für CLP-Sprachen.

- Determination: Man will erkennen, wenn eine Variable nur noch einen einzigen Wert annehmen kann. Die Constraints $X \leq 2$ und $2 \leq X$ z.B. determinieren den Wert der Variablen X. Dies ermöglicht eine einfachere Normalform und ist nützlich für die informative Darstellung einer Antwort. Constraintlöser können Informationen über gemeinsame Variablen austauschen.

- Projektion: Man will existentiell quantifizierte Variablen eliminieren. Aus den Constraints $\exists Y\,(X \leq Y \wedge Y \leq Z)$ läßt sich z.B. die Variable Y eliminieren: Da die Variable Y wegen ihrer Quantifizierung nur in $X \leq Y \wedge Y \leq Z$ vorkommen kann, sind diese beiden Constraints gleichbedeutend mit $X \leq Z$. Dies ist für die Darstellung von Antworten wichtig und kann eine Normalform klein halten, aber je nach Constraintsystem und verwendetem Algorithmus ist Projektion nicht immer (effizient) möglich. Zum Beispiel läßt sich aus dem Gleichheitsconstraint $\exists Y\,(X \doteq f(Y))$ die Variable Y nicht entfernen.

- Folgerungstest (engl. entailment): Man will Implikationen zwischen Constraints entscheiden, genauer ob $CT \models \forall(C \to D)$ bzw. $CT \models \forall(C \to \neg D)$ gilt. Man kann diese beiden Implikationen für bestimmte C und D gleichzeitig behandeln, was zu einer effizienteren Implementierung führt. Wir sprechen dann vom *Folgerungstest*. Er ist erfolgreich, wenn $CT \models \forall(C \to D)$ gilt, er scheitert, wenn $CT \models \forall(C \to \neg D)$ gilt, ansonsten wird der Test *verzögert* (engl. delayed, suspended), bis er entschieden werden kann. Der Folgerungstest ist die Grundlage für die Implementierung bedingter Anweisungen (siehe Abschnitt 5) und nebenläufiger Constraint-Programmiersprachen (Abschnitt 6).

- Negation: Die deklarative Negation von Constraints steht in vielen Constraintsystemen implizit durch eigene Constraintsymbole zur Verfügung (z.B. $=$ und $\neq$, $<$ und $\geq$), seltener durch einen expliziten Operator wie $\neg$. Die Negation ist i. allg. nur effizient behandelbar, wenn das Constraintsystem unabhängig ist, weil dann jedes negierte Constraint für sich im positiven Kontext behandelt werden kann.

Alle angeführten Berechnungsdienste lassen sich als Varianten bzw. Erweiterungen des Vereinfachens mit Normalformen implementieren. Selten stellt ein Constraintlöser alle Berechnungsdienste in vollem Umfang zur Verfügung, weil die Implementierung sonst zu komplex oder ineffizient würde. Kann der implementierte Konsistenztest nicht immer erkennen, daß ein Constraint inkonsistent ist, sprechen wir von einem *unvollständigen* Constraintlöser.

4.3
CLP-Kalkül

Der CLP-Kalkül ist eine Verallgemeinerung des LP-Kalküls. Zustände können nun Constraints enthalten. Die Unifikation zur Behandlung rein syntaktischer Gleichheit wird verallgemeinert zur Behandlung von Constraints. Bei den Reduktionsregeln läßt man nur Folgezustände zu, deren Constraints konsistent sind. Damit werden potentiell weniger Klauseln ausgewählt als bei einem reinen Logikprogramm, der Suchaufwand wird minimiert und so die Effizienz gesteigert.

Statt Substitutionen gibt es nun Gleichheitsconstraints, wie wir sie schon von der Clarkschen Vervollständigung im LP-Kalkül her kennen. Substitutionen von der Form $\{X_1 \leftarrowtail t_1, \ldots, X_n \leftarrowtail t_n\}$ werden als Gleichungssystem $X_1 \doteq t_1 \wedge \ldots \wedge X_n \doteq t_n$ geschrieben. Der zugehörige Constraintlöser implementiert die Theorie CET des Constraintsystems E: Wenn die Terme s und t unifizierbar sind, d.h. $s \doteq t$ in CET erfüllbar ist, dann wird $s \doteq t$ zur Normalform $X_1 \doteq t_1 \wedge \ldots \wedge X_n \doteq t_n$ vereinfacht, wobei die Variablen $X_1, \ldots, X_n$ paarweise verschieden sind und nicht in den Termen $t_1, \ldots, t_n$ vorkommen. Andernfalls wird $s \doteq t$ zu *false* vereinfacht.

In der Signatur des CLP-Kalküls ist die Menge $\mathcal{P}$ der Prädikatensymbole in zwei disjunkte Mengen unterteilt: $\mathcal{P}_c$ enthält die Constraintsymbole, die durch CT beschrieben sind und durch einen Constraintlöser behandelt werden, und $\mathcal{P}_p$ die Prädikatensymbole, die durch ein CL-Programm definiert werden.

Die CLP-Syntax (Abb. 4.2) unterscheidet sich von der LP-Syntax nur darin, daß Constraints eingeführt wurden, die in Zielen und daher im Rumpf einer Klausel auftreten können. In Abb. 4.2 sind die syntaktischen Ausdrücke, die gegenüber dem LP-Kalkül anders oder neu definiert sind, kursiv geschrieben.

Atome:	A, B	::=	$p(t_1, \ldots, t_n)$, $n \geq 0$
Constraints:	C, D	::=	$c(t_1, \ldots, t_n) \mid C \wedge D$, $n \geq 0$
Ziele:	G, H	::=	$\top \mid \bot \mid A \mid C \mid G \wedge H$
Klauseln:	K	::=	$A \leftarrow G$
Programme:	P, Q	::=	$\{K_1, \ldots, K_m\}$, $m \geq 0$

Abb. 4.2. CLP-Syntax

Wir geben im folgenden zu den Kalkülen nur die essentiellen Definitionen explizit an, alle anderen Definitionen sind der Syntaxtabelle zu entnehmen bzw. werden von den vorhergehenden Kalkülen übernommen.

Definition 4.3.1. Ein *Atom* ist ein Ausdruck der Form $p(t_1, \ldots, t_n)$, wobei p ein n-stelliges Symbol aus $\mathcal{P}_p$ und $t_1, \ldots, t_n$ Terme sind. Ein *Constraintatom* ist ein Ausdruck der Form $c(t_1, \ldots, t_n)$, wobei c ein n-stelliges Symbol aus $\mathcal{P}_c$ ist und $t_1, \ldots, t_n$ Terme sind. Ein *Constraint* ist entweder ein Constraintatom oder eine Konjunktion von Constraints.
Ein *Zielatom* ist entweder ein Atom oder ein Constraintatom.
Ein *Ziel* ist entweder $\top$ oder $\bot$ oder ein Zielatom oder eine Konjunktion von Zielen. ◁

Definition 4.3.2. Eine *CL-Klausel* hat die Form $A \leftarrow G$, wobei A ein Atom ist und G ein Ziel.
Ein *CL-Programm* ist eine endliche Menge von CL-Klauseln. ◁

Definition 4.3.3. Ein *Zustand* ist ein Paar $\langle G, C \rangle$, wobei G ein Ziel ist und C ein Constraint. G wird Zielspeicher genannt und C Constraintspeicher. Ein *Anfangszustand* ist ein Zustand von der Form $\langle G, true \rangle$. Ein Zustand heißt *erfolgreicher Endzustand*, wenn er von der Form $\langle \mathsf{T}, C \rangle$ ist und C ungleich *false* ist. Ein Zustand heißt *erfolgloser Endzustand* (gescheitert), wenn er die Form $\langle G, \textit{false} \rangle$ hat. Die Definitionen für die Arten von Ableitungen und Ziele aus dem LP-Kalkül (Definition 3.1.4) gelten weiterhin. $\lhd$

Intuitiv repräsentiert G die Ziele, die noch zu lösen sind, und C die bereits aufgetretenen (vereinfachten) Constraints. Man beachte, daß $\langle \mathsf{T}, \textit{false} \rangle$ ein erfolgloser Endzustand ist.

$$
\boxed{
\begin{array}{l}
\textit{Entfalten:} \\[4pt]
\qquad\qquad (B \leftarrow H) \text{ aus } P \\
\qquad\quad CT \models \exists((B \doteq A) \wedge C) \\
\hline
\langle A \wedge G,\, C \rangle \;\longmapsto_{\text{Entfalten}}\; \langle H \wedge G,\, (B \doteq A) \wedge C \rangle \\[6pt]
\textit{Scheitern:} \\[4pt]
\qquad \text{Es gibt keine Klausel } B \leftarrow H \text{ aus } P \text{ mit} \\
\qquad\qquad CT \models \exists((B \doteq A) \wedge C) \\
\hline
\langle A \wedge G,\, C \rangle \;\longmapsto_{\text{Scheitern}}\; \langle \bot, \textit{false} \rangle \\[6pt]
\textit{Vereinfachen:} \\[4pt]
\qquad\qquad CT \models (C \wedge D_1) \leftrightarrow D_2 \\
\hline
\langle C \wedge G,\, D_1 \rangle \;\longmapsto_{\text{Vereinfachen}}\; \langle G, D_2 \rangle
\end{array}
}
$$

Abb. 4.3. CLP-Reduktionsregeln

Die Kongruenz zwischen Konjunktionen von Zielen ist dieselbe wie im LP-Kalkül. Die Reduktionsregeln des CLP-Kalküls (Abb. 4.3) wurden so gewählt, daß die Ähnlichkeit zu denen des LP-Kalküls deutlich wird. Die Reduktionsregeln *Entfalten* und *Scheitern* werden angepaßt. Constraints werden durch die zusätzliche Reduktionsregel *Vereinfachen* bearbeitet.

Die Auswahl eines Zieles für eine Reduktion wird wieder durch die Selektionsfunktion bestimmt. Die meisten CLP-Sprachen benutzen wie Prolog die Tiefensuche mit chronologischem Rücksetzen:

− Ist das ausgewählte Ziel ein Atom und wird eine Klausel gefunden, so daß die Gleichheitsconstraints, die vom Atom und dem

Kopf der Klausel stammen, zusammen mit dem Constraintspeicher konsistent sind, dann wird das ausgewählte Atom durch den Rumpf der Klausel ersetzt und die Gleichheitsconstraints dem Constraintspeicher hinzugefügt (durch die Reduktionsregel *Entfalten*). Anderfalls scheitert die Ableitung durch die Reduktionsregel *Scheitern*.

- Ist das ausgewählte Ziel ein Constraint, dann wird es aus dem Zielspeicher entfernt und dem Constraintspeicher hinzugefügt (durch die Reduktionsregel *Vereinfachen*). Dabei wird der Constraintspeicher vereinfacht.

Während wir im LP-Kalkül bei der Reduktionsregel *Entfalten* den allgemeinsten Unifikator zwischen dem Kopf der Klausel B und dem Atom A im Kontext der aktuellen Substitution θ berechnet und zur aktuellen Substitution θ hinzugefügt haben, testen wir im CLP-Kalkül die Gleichheit zwischen dem Kopf der Klausel B und dem Atom A im Kontext des aktuellen Constraintspeichers C und fügen das Gleichheitsconstraint dem aktuellen Constraintspeicher C hinzu. (Wir verwenden $p(t_1, \ldots, t_n) \doteq p(s_1, \ldots, s_n)$ als Abkürzung für $t_1 \doteq s_1 \wedge \ldots \wedge t_n \doteq s_n$.)

Während Substitutionen nur beim *Entfalten* entstehen können, können Constraints auch als Ziele auftreten. Mit der zusätzlichen Reduktionsregel *Vereinfachen* machen wir die Behandlung dieser Constraints durch den Constraintlöser explizit. Die Constraints werden nicht nur in den Constraintspeicher eingefügt, sondern gleichzeitig zusammen mit dem Constraintspeicher vereinfacht. Die Art der Vereinfachung hängt vom Constraintsystem und seinem Constraintlöser ab. In der Regel beinhaltet die Vereinfachung auch den Konsistenztest, indem ein inkonsistentes Constraint zu *false* vereinfacht wird. Somit kann man auch über die Reduktionsregel *Vereinfachen* zu einem erfolglosen Endzustand kommen. Zusätzlich kann das Vereinfachen auch die Berechnungsdienste Projektion und Determination beinhalten.

Aus den Reduktionsregeln des CLP-Kalküls und seinen Endzuständen ergab sich die Forderung, daß ein Constraintlöser zumindest den Konsistenztest und inkrementelle Vereinfachung von Constraints anbieten sollte. Wir sehen an den Reduktionsregeln auch, daß eine erfüllbarkeitsvollständige Constrainttheorie ausreicht. Man beachte, daß aus dem Constraintspeicher nie Constraints entfernt werden, die Information im Constraintspeicher also monoton mit fortschreitender Ableitung anwächst.

Ein weiterer Unterschied zwischen LP und CLP ist die Gestalt der berechneten Antworten. Eine Antwort ist in LP-Sprachen eine Variablenbindung, in CLP-Sprachen ein Constraint. Constraints als Antworten sind sinnvoll, da sie mehrere (auch unendlich viele) LP-Antworten zu einer (intensionalen) Antwort zusammenfassen. Das Ziel $X + Y \geq 3 \wedge X + Y \leq 3$ z.B. wird zur intensionalen Antwort $X + Y \doteq 3$ vereinfacht, Variablen werden aber nicht gebunden.

Definition 4.3.4. Jedem Zustand $\langle H, C \rangle$, der in einer Ableitung beginnend mit $\langle G, \mathit{true} \rangle$ vorkommt, wird eine Formel $\exists \bar{x}(H \wedge C)$ als *logische Beschreibung* zugeordnet, wobei $\bar{x}$ die Variablen sind, die in H oder C, aber nicht in G vorkommen. Die in G vorkommenden Variablen bleiben frei.
Ein *Antwortconstraint (kurz: eine Antwort) eines Zieles G* ist die logische Beschreibung eines Endzustandes einer Ableitung, die mit $\langle G, \mathit{true} \rangle$ beginnt. ◁

Eine Beschränkung des Antwortconstraints auf die Variablen des Zieles G (durch Projektion) und die explizite Aufzählung aller Variablenbindungen (durch Determination) ist für den Benutzer wünschenswert, aber abhängig vom Constraintsystem und Constraintlöser nicht immer (effizient) möglich.

Wir haben mehrmals davon gesprochen, daß CLP eine Erweiterung von LP ist. Dies zeigt sich darin, daß CL-Programme, in denen keine Constraints vorkommen, L-Programme sind und sich für diese Programme der CLP-Kalkül und der LP-Kalkül einander entsprechen, wobei Substitutionen durch Gleichheitsconstraints $\doteq$ ausgedrückt werden.

Der CLP-Kalkül läßt sich analog dem LP-Kalkül um Negation durch Scheitern erweitern, wobei nach wie vor nur Atome negiert werden dürfen. Ob negierte Constraints möglich sind, hängt vom Constraintsystem und seinem Constraintlöser ab.

Beispiel 4.3.1. Das folgende CL-Programm implementiert das Prädikat min/3. min(X,Y,Z) trifft genau dann zu, wenn Z das Minimum von X und Y ist:

$$\{\mathtt{min(X,Y,Z)} \leftarrow \mathtt{X} \leq \mathtt{Y} \wedge \mathtt{X} \doteq \mathtt{Z} \quad (k1),$$
$$\phantom{\{}\mathtt{min(X,Y,Z)} \leftarrow \mathtt{Y} \leq \mathtt{X} \wedge \mathtt{Y} \doteq \mathtt{Z} \quad (k2)\},$$

wobei $\leq$ und $\doteq$ Constraints sind.

Der Anfangszustand $\langle \mathtt{min}(1,2,\mathtt{C}), true \rangle$ ermöglicht z.B. die Ableitung:

$$\langle \mathtt{min}(1,2,\mathtt{C}), \quad true \rangle$$
$$\longmapsto_{\textit{Entfalten } (k1)} \langle \mathtt{X} \leq \mathtt{Y} \wedge \mathtt{X} \doteq \mathtt{Z}, \quad 1 \doteq \mathtt{X} \wedge 2 \doteq \mathtt{Y} \wedge \mathtt{C} \doteq \mathtt{Z} \rangle$$
$$\longmapsto_{\textit{Vereinfachen}} \langle \top, \quad \mathtt{C} \doteq 1 \rangle$$

Zuerst wird in der Reduktion *Entfalten* die erste Klausel $(k1)$ ausgewählt. Dann erfolgt eine Constraintvereinfachung durch Anwendung der Reduktionsregel *Vereinfachen*. Die Ableitung ist erfolgreich, und das Antwortconstraint ist $\mathtt{C} \doteq 1$. In den Beispielen beinhaltet das Vereinfachen auch Projektion, um ein einfaches Antwortconstraint zu erhalten, das wenn möglich nur Variablen des Anfangszustandes enthält.

Betrachten wir eine andere Ableitung ausgehend vom obigen Anfangszustand. Die Auswahl der zweiten Klausel $(k2)$ im ersten Ableitungsschritt führt zu einem inkonsistenten Constraintspeicher, nämlich $2 \leq 1 \wedge 2 \doteq \mathtt{C}$. Damit scheitert diese Ableitung.

Der Anfangszustand $\langle \mathtt{min}(\mathtt{A},2,1), \quad true \rangle$ ermöglicht die Ableitung:

$$\langle \mathtt{min}(\mathtt{A},2,1), \quad true \rangle$$
$$\longmapsto_{\textit{Entfalten } (k1)} \langle \mathtt{X} \leq \mathtt{Y} \wedge \mathtt{X} \doteq \mathtt{Z}, \quad \mathtt{A} \doteq \mathtt{X} \wedge 2 \doteq \mathtt{Y} \wedge 1 \doteq \mathtt{Z} \rangle$$
$$\longmapsto_{\textit{Vereinfachen}} \langle \top, \quad \mathtt{A} \doteq 1 \rangle$$

Das Ziel min(A,2,2) hat die Antwort $\mathtt{A} \doteq 2$. Bei Auswahl der zweiten Klausel für dieses Ziel ergibt sich die gleiche Antwort. Das Ziel min(A,2,3) scheitert.

In Prolog würden diese Reduktionen mit dem gleichen Programm zu einer Fehlermeldung führen, da noch kein Wert für A bekannt ist und der Vergleich nur zwischen bekannten Werten

möglich ist. Im CLP-Kalkül kann man aber auch hier „rückwärts"
rechnen.

Wenn der Anfangszustand von der Form $\langle \mathtt{min}(\mathtt{A}, \mathtt{A}, \mathtt{B}),\ true\rangle$
ist, sind zwei Ableitungen möglich. Die eine ist:

$$\langle \mathtt{min}(\mathtt{A}, \mathtt{A}, \mathtt{B}),\ true\rangle$$
$$\longmapsto_{Entfalten(r1)} \langle \mathtt{X}{\leq}\mathtt{Y}{\wedge}\mathtt{X}{\doteq}\mathtt{Z},\quad \mathtt{A}{\doteq}\mathtt{X}{\wedge}\mathtt{A}{\doteq}\mathtt{Y}{\wedge}\mathtt{B}{\doteq}\mathtt{Z}\rangle$$
$$\longmapsto_{Vereinfachen} \langle \top,\ \mathtt{A}{\doteq}\mathtt{B}\rangle$$

Die intensionale Antwort sagt uns, daß das Minimum von zwei
gleichen Zahlen diese Zahl selbst ist. Die Auswahl der zweiten
Klausel ($k2$) führt zur gleichen Antwort.

Das recht allgemeine Ziel $\mathtt{min}(\mathtt{A},\mathtt{B},\mathtt{C}) \wedge \mathtt{A} \leq \mathtt{B}$ hat bei Auswahl der Klausel ($k1$) die Antwort $\mathtt{A} \doteq \mathtt{C} \wedge \mathtt{A} \leq \mathtt{B}$. Bei Auswahl
der zweiten Klausel ($k2$) ist die Antwort aber $\mathtt{A} \doteq \mathtt{C} \wedge \mathtt{A} \doteq \mathtt{B}$,
diese Antwort ist also spezieller. $\Diamond$

Wir sehen an diesem Beispiel, daß wir wie in Prolog Suche mit
Rücksetzen anwenden müssen, um alle erfolgreichen Ableitungen
und ihre Antworten zu berechnen. Es kann allerdings der Fall
sein, daß unterschiedliche Ableitungen zu Antworten führen, die
gleiche Variablenbelegungen zulassen.

4.4
Deklarative Semantik

CL-Programme lassen sich wie L-Programme vervollständigen,
auch wenn nun im Rumpf von CL-Klauseln Constraints zugelassen sind. Zusätzlich muß aber die Bedeutung der Constraints,
die im Programm vorkommen, festgelegt werden. Die deklarative
Semantik eines CL-Programms P wird daher durch eine Erweiterung von $P^{\leftrightarrow}$ um die Theorie CT festgelegt, während wir im
LP-Kalkül $P^{\leftrightarrow}$ um die spezielle Theorie CET erweitert hatten.

Die in den folgenden Sätzen [JL87] dargestellte Übereinstimmung zwischen operationaler und deklarativer Semantik ist einer
der Gründe für die Attraktivität der CLP.

Einige Sätze von LP und deren Beweise können auf einfache
Art und Weise auf dem CLP-Schema übertragen werden: Das

Herbrand-Universum wird durch einen beliebigen Wertebereich ersetzt und die Clarksche Gleichheitstheorie CET durch eine entsprechende Constrainttheorie (siehe [Mah93]). Wir werden im folgenden eine Beweisidee nur für den Vollständigkeitssatz angeben, da dieses Ergebnis sich vom Vollständigkeitssatz für LP unterscheidet.

Theorem 4.4.1. Korrektheit von erfolgreichen Ableitungen Sei P ein CL-Programm und G ein Ziel. Wenn G eine erfolgreiche Ableitung mit einem Antwortconstraint C hat, dann gilt

$$P^{\hookrightarrow}, CT \models \forall(C \rightarrow G)$$

Theorem 4.4.2. Vollständigkeit von erfolgreichen Ableitungen Sei P ein CL-Programm und G ein Ziel. Wenn $P^{\hookrightarrow}, CT \models \forall(C \rightarrow G)$ gilt und C in CT erfüllbar ist, dann hat G erfolgreiche Ableitungen mit Antwortconstraints $C_1, \ldots, C_n$, so daß

$$CT \models \forall C \rightarrow (C_1 \vee \ldots \vee C_n).$$

Beweis. Sei $\mathcal{M}$ eine Interpretation von CT. Eine $\mathcal{M}$-Interpretation von $\mathcal{P} \cup CT$ ist eine Interpretation, die $\mathcal{M}$ um die Interpretation der Prädikatensymbole, die in P vorkommen, erweitert. Ein $\mathcal{M}$-Modell $\mathcal{M_P}$ von $\mathcal{P} \cup CT$ ist eine $\mathcal{M}$–Interpretation, die $\mathcal{P} \cup CT$ erfüllt.

Sei α eine Belegung der Variablen von G. Dann zeigt [JM94] folgendes:

Jedes Modell $\mathcal{M_P}$ von $\mathcal{P} \cup CT$ erfüllt $G\alpha$	gdw.
Das kleinste $\mathcal{M}$-Modell von $\mathcal{P} \cup CT$ erfüllt $G\alpha$	gdw.
Es gibt ein Constraint D mit $\mathcal{M} \models D\alpha$	gdw.

G hat eine erfolgreiche Ableitung mit Antwortconstraint, das logisch äquivalent zu D ist und $\mathcal{M} \models D\alpha$.

Wir betrachten die Menge C_G aller Antwortconstraints D für alle Modelle von CT und Belegungen der Variablen von G. Sei $N_G := \{\neg D | D \in C_G\}$ und $\bar{x}$ die Menge aller freien Variablen der Elemente von $N_G \cup \{C\}$. Da $\bar{x}$ endlich ist (eine Untermenge der freien Variablen von C und G), können wir sagen, daß die Menge $N_G \cup \{C\}$ in CT erfüllbar genau dann ist, wenn es eine Belegung θ für $\bar{x}$ über ein Modell $\mathcal{M}$ gibt, so daß $\mathcal{M} \models D'$ für alle D' aus $N_G \cup \{C\}$.

Man beweist nun durch Widerspruch, daß $N_G \cup \{C\}$ in CT unerfüllbar ist: Aus dem Kompaktheitssatz der Prädikatenlogik erster Stufe folgt, daß es eine endliche Untermenge $\{C, \neg C_1, \ldots, \neg C_n\}$ aus $N_G \cup \{C\}$ gibt, die in CT unerfüllbar ist. Daraus folgt dann, daß die Formel $C \wedge \neg C_1 \wedge \ldots \wedge \neg C_n$ in CT unerfüllbar ist. Das ist äquivalent zu $CT \models \forall C \rightarrow (C_1 \vee \ldots \vee C_n)$.
$\square$

Der Vollständigkeitssatz für CLP zeigt, daß man im Gegensatz zum LP-Kalkül mehrere Antworten betrachten und kombinieren muß, um die Vollständigkeit zu erhalten. Falls aber das Constraintsystem unabhängig ist, kann die Disjunktion zu einem Disjunkt reduziert werden.

Beispiel 4.4.1. Sei P das folgende Programm und CT eine Constrainttheorie, die u. a. die Constraints $\leq$ und $\geq$ als totale Ordnungen definiert.

```
p(X,Y) ← X ≤ Y.
p(X,Y) ← X ≥ Y.
```

Das Ziel p(X,Y) hat zwei erfolgreiche Ableitungen mit den Antwortconstraints $X \leq Y$ bzw. $X \geq Y$.

Es gilt $P^{\leftrightarrow}, CT \models \forall(true \rightarrow p(X, Y))$. Daher muß nach obigem Satz auch gelten $CT \models \forall(true \rightarrow X \leq Y \vee X \geq Y)$. Dies ist der Fall. Jedes Antwortconstraint für sich allein reicht aber nicht aus, um dies zu zeigen: $CT \not\models \forall(true \rightarrow X \leq Y)$ und $CT \not\models \forall(true \rightarrow X \geq Y)$. $\Diamond$

Theorem 4.4.3. Vollständigkeit und Korrektheit von erfolglosen Ableitungen Sei P ein CL-Programm und G ein Ziel. Es gilt $P^{\leftrightarrow}, CT \models \neg \exists G$ genau dann, wenn jede faire Ableitung beginnend mit $\langle G, true \rangle$ endlich scheitert.

5 Constrainterweiterungen

In diesem Abschnitt[1] wollen wir uns mit zusätzlichen deklarativen Konstrukten beschäftigen, die die Programmierung mit Constraints flexibler machen. Diese Erweiterungen basieren auf der Idee, daß man nicht nur Konjunktionen von Constraintatomen, sondern beliebige Formeln von Constraints erlauben und behandeln können möchte.

Für die jeweiligen Konstrukte wird der CLP-Kalkül entsprechend ergänzt: Die Syntax der Ziele wird um das Konstrukt erweitert, und es gibt in der operationalen Semantik zusätzliche Reduktionsregeln, die das Konstrukt behandeln. Während alle Reduktionsregeln natürlich die Korrektheit in bezug auf die deklarative Semantik bewahren, indem sie Äquivalenztransformationen sind, macht man Abstriche bei der Vollständigkeit, um effizient zu bleiben. Das heißt, daß nicht jede logische Folgerung aus den Constraints auch tatsächlich berechnet werden kann (bzw. berechnet werden soll).

Für die vorgestellten Constrainterweiterungen[2] reicht es aus, wenn der Constraintlöser den Folgerungstest implementiert. Er soll also die Implikation zwischen Constraints C und D entscheiden können, nämlich ob $CT \models \forall(C \rightarrow D)$ bzw. $CT \models \forall(C \rightarrow \neg D)$ gilt. Wir sprechen davon, daß D bzw. $\neg D$ *aus C folgt*. Da mit C immer der aktuelle Constraintspeicher gemeint sein wird, sagen wir abkürzend einfach, daß D bzw. $\neg D$ *folgt*.

---

[1] Dieser Abschnitt kann beim ersten Lesen ausgelassen werden.

[2] mit Ausnahme der konstruktiven Disjunktion

Während die vorgestellten Constrainterweiterungen in der Literatur diskutiert werden, sind Implementierungen Mangelware. Dies liegt nicht zuletzt daran, daß die meisten Constraintlöser (noch) keinen Folgerungstest implementieren.

Der Lesbarkeit halber geben wir in den Beispielen Zustände in der logischen Leseweise (aber ohne Quantoren) an, d.h. in der syntaktischen Form eines Zieles.

Als durchgehendes Beispiel verwenden wir wieder die Minimum-Berechnung. Es bietet sich an, da es auschließlich durch Constraints definierbar ist, als $min(X, Y, Z) \leftrightarrow (X \leq Y \wedge X \doteq Z) \vee (Y \leq X \wedge Y \doteq Z)$. Natürlich kann ein einfaches Beispiel nicht alle Stärken und Schwächen der unterschiedlichen Constrainterweiterungen beleuchten. Im Gegensatz zur Implementierung mit CL-Klauseln erspart uns die Formulierung von Minimum mit Constrainterweiterungen die Suche (nach der passenden Klausel) auf Kosten der Vollständigkeit. Der Suchaufwand für Minimum mag vernachlässigbar erscheinen gegenüber den Einbußen bei der Vollständigkeit. Das folgende Anwendungsbeispiel widerlegt aber diese Vermutung: Wir suchen das kleinste Element einer Liste, indem wir die Liste traversieren und dabei jeweils aus dem aktuellen Minimum und dem nächsten Listenelement das neue Minimum berechnen. Hat die Liste n Elemente, muß $n-1$-mal das Minimum berechnet werden. Sind die Listenelemente Variablen, kann für jede Minimum-Berechnung in der CLP-Implementierung einer der beiden Klauseln ausgewählt werden, es gibt also insgesamt 2^{n-1} Antworten und damit einen in der Länge der Liste exponentiellen Suchaufwand. Als Constraint wird das Minimum aber erst berechnet, wenn das Ergebnis eindeutig ist.

5.1
Implikation

Wir erweitern den CLP-Kalkül um die von Saraswat vorgeschlagene Implikation zwischen Constraints. Die Implikation hat die Form $C \implies D$ und wird als „wenn C dann D" gelesen. Die Syntax von Zielen wird entsprechend erweitert (Abb. 5.1). Wir nennen C die *(Vor-) Bedingung* und D das *bedingte Constraint* der Implikation $C \implies D$.

$$\boxed{\text{Ziele:} \quad G, H \quad ::= \quad \top \mid \bot \mid A \mid C \mid G \wedge H \mid C \implies D}$$

Abb. 5.1. Erweiterte Syntax von Zielen

Die deklarative Semantik der Implikation $C \implies D$ ist die logische Implikation $C \rightarrow D$. Operational stellt die Implikation $C \implies D$ sicher, daß das Constraint D erst und nur dann eingefügt wird, wenn das Constraint C folgt. Wenn dagegen $\neg C$ folgt, wird D nicht eingefügt. Wenn weder C noch $\neg C$ folgt, wird das Konstrukt verzögert, bis der Folgerungstest entschieden werden kann.

Beispiel 5.1.1.

– Das Ziel $X \doteq -4 \wedge (X \leq 0 \implies X \doteq Y)$ führt zu $X \doteq -4 \wedge Y \doteq -4$.
– Das Ziel $X \doteq 4 \wedge (X \leq 0 \implies X \doteq Y)$ führt zur Antwort $X \doteq 4$.
– Das Ziel $X \leq -4 \wedge (X \leq 0 \implies X \doteq Y)$ führt zu $X \leq -4 \wedge X \doteq Y$, denn aus $X \leq -4$ folgt $X \leq 0$.
– Das Ziel $X \leq 4 \wedge (X \leq 0 \implies X \doteq Y)$ kann nicht vereinfacht werden, weil aus $X \leq 4$ weder $X \leq 0$ noch die Negation von $X \leq 0$ folgt. $\Diamond$

Wird eine Implikation *verzögert*, dann wird die Ableitung mit einem anderen Zielatom so lange fortgesetzt, bis die Vorbedingung der Implikation entschieden werden kann. Dies bedeutet, daß wir eine einfache Form von *Nebenläufigkeit* (siehe Abschnitt 6) in den um die Implikation erweiterten CLP-Sprachen erhalten: Im Laufe der Ableitung gibt es i. allg. mehrere Implikationen, die verzögert sind und auf mehr Information im Constraintspeicher warten. Damit durchbrechen wir die feste Selektionsregel der SLDNF-Resolution (siehe Abschnitt 3.4).

Für die Implikation wird der CLP-Kalkül entsprechend erweitert (Abb. 5.2). Die Reduktionsregeln sind (bewußt) unvollständig, z.B. wird $C \Longrightarrow \mathit{false}$ nicht zum logisch äquivalenten $\neg C$ vereinfacht.[3]

$$
\boxed{
\begin{array}{l}
\mathit{Positive\ Erfüllung} \\[2pt]
\dfrac{CT \models \forall(C_0 \to C)}{\langle (C \Longrightarrow D) \wedge G,\, C_0 \rangle \mapsto \langle D \wedge G,\, C_0 \rangle} \\[4pt]
\mathit{Negative\ Erfüllung} \\[2pt]
\dfrac{CT \models \forall(C_0 \to \neg C)}{\langle (C \Longrightarrow D) \wedge G,\, C_0 \rangle \mapsto \langle G,\, C_0 \rangle}
\end{array}
}
$$

Abb. 5.2. Reduktionsregeln für Implikationen

Beispiel 5.1.2. Das Minimum-Prädikat kann mit Hilfe der Implikation implementiert werden:

$$
\{\min(\mathtt{X},\mathtt{Y},\mathtt{Z}) \leftarrow (\mathtt{X} \leq \mathtt{Y} \Longrightarrow \mathtt{X} \doteq \mathtt{Z})\ \wedge \\
(\mathtt{Y} \leq \mathtt{X} \Longrightarrow \mathtt{Y} \doteq \mathtt{Z})\}
$$

Die Implikationen drücken aus, daß wir das Minimum von $\mathtt{X}$ und $\mathtt{Y}$ erst berechnen wollen, wenn wir wissen, wie sich die beiden Variablen zueinander verhalten. Damit erreichen wir, daß $\mathtt{min}/2$ nun deterministisch ist, also ohne Suche auskommt. Wir verlieren aber dafür an Vollständigkeit. Allerdings ist dies nur der Fall, wenn sich im Lauf der Berechnung nicht genügend Information über die beiden ersten Argumente im Constraintspeicher ansammelt, wie die folgenden Beispiele zeigen. Welcher Version man den Vorzug gibt, hängt also von der Verwendung von $\mathtt{min}$ im Programm und Effizienzüberlegungen ab.

Das Ziel $\mathtt{min(1,2,C)}$ führt mit *Entfalten* zu $(1 \leq 2 \Longrightarrow 1 \doteq \mathtt{C}) \wedge (2 \leq 1 \Longrightarrow 2 \doteq \mathtt{C})$. Die Bedingungen beider Implikationen können ausgewertet werden. Die Bedingung der ersten Implikation folgt, und die Implikation wird ersetzt durch $1 \doteq \mathtt{C}$. Die Negation der Bedingung der zweiten Implikation folgt, diese Implikation wird entfernt. Die Antwort ist also $\mathtt{C} \doteq 1$.

---

[3] Man kann übrigens mit $C \Longrightarrow \mathit{false}$ eine korrekte (wenn auch unvollständige) Form der Negation von Constraints implementieren.

Das Ziel `min(A,2,1)` führt zur Antwort $(A \leq 2 \implies A \dot{=} 1) \wedge$ $(2 \leq A \implies 2 \dot{=} 1)$. Wir können im Gegensatz zur CLP-Formulierung des Prädikates `min/3` nicht mehr durch Suche die Antwort $A \dot{=} 1$ finden. Die Bedingungen der Implikationen folgen nicht, beide Implikationen verzögern. Ebenso verhält es sich mit dem Ziel `min(A,2,2)`. Aus dem gleichen Grund scheitert das Ziel `min(A,2,3)` nicht.

Das Ziel `min(A,A,B)` hingegen führt auch in der Formulierung mit Implikationen zur Antwort $A \dot{=} B$. Dabei folgen sogar die Bedingungen beider Implikationen. Die daraus enstehenden beiden Constraints sind identisch und bilden die Antwort $A \dot{=} B$. Das Ziel $\texttt{min}(A, B, C) \wedge A \leq B$ führt zu $A \leq B \wedge A \dot{=} C$, während es in der CLP-Formulierung noch eine zweite, redundante Antwort mit $A \dot{=} B$ gab. $\Diamond$

Konditional

Eine Erweiterung der Implikation ist das Konditional von Smolka. Es kann als deklarative Version der bedingten Anweisung (auch: Verzweigung, engl. „if-then-else") herkömmlicher Programmiersprachen verstanden werden. Das Konditional hat die Form $C \implies G_1 ; G_2$ und wird als „wenn C dann G_1 sonst G_2" gelesen. Wir nennen G_1 und G_2 *Zweige* des Konditionals. Die deklarative Semantik des Konditionals $C \implies G_1 ; G_2$ ist $(C \wedge G_1) \vee (\neg C \wedge G_2)$. Das Konditional ist aber keine Constrainterweiterung im eigentlichen Sinne, da allgemeine Ziele G_1 und G_2 als Zweige zugelassen sind.

Die Reduktionsregeln sind analog zu denen der Implikation (Abb. 5.3). Wenn C folgt, dann ersetzt man das Konditional mit *Positive Erfüllung* durch G_1. Wenn $\neg C$ folgt, dann ersetzt man das Konditional mit *Negative Erfüllung* durch G_2. Andernfalls wird das Konditional verzögert.

Beispiel 5.1.3. Wir können nun das Minimum-Prädikat kompakter implementieren:

```
{min(X,Y,Z) <- (X <= Y ==> X = Z ; Y = Z)}
```

Im Vergleich zur Implementierung mit der Implikation
gibt es nur noch eine Vorbedingung, die überprüft werden muß. Es mag scheinen, daß sich die beiden Implementierungen operational gleich verhalten. Die Implementierung mit dem Konditional ist aber weniger vollständig als
die mit Implikation: Das Ziel $\min(A, B, C) \wedge A \geq B$ führt bloß
zur Antwort $(A \leq B \Longrightarrow A \doteq C; B \doteq C) \wedge A \geq B$, während das Ziel
$\min(A, B, C) \wedge A \leq B$ erwartungsgemäß zu $A \leq B \wedge A \doteq C$ führt. ◊

$$\boxed{\begin{array}{c}
\textit{Positive Erfüllung} \\
\dfrac{CT \models \forall(D \to C)}{\langle\!\langle(C \Longrightarrow G_1; G_2) \wedge H, D\rangle \mapsto \langle G_1 \wedge H, D\rangle} \\
\textit{Negative Erfüllung} \\
\dfrac{CT \models \forall(D \to \neg C)}{\langle\!\langle(C \Longrightarrow G_1; G_2) \wedge H, D\rangle \mapsto \langle G_2 \wedge H, D\rangle}
\end{array}}$$

Abb. 5.3. Reduktionsregeln für Konditionale

5.2
Disjunktion

Die Syntax von Zielen wird diesmal um die Disjunktion von
Constraints erweitert (vorgeschlagen von van Hentenryck), ge-
schrieben $C_1 \vee \ldots \vee C_n$ (mit $n > 0$), abgekürzt $\bigvee_{i=1}^{n} C_i$. Man
betrachtet Disjunkte, von denen man entscheiden kann, ob sie
oder ihre Negation folgen (Abb. 5.4). Ein Disjunkt, das folgt,
läßt die ganze Disjunktion folgen (durch die Reduktionsregel *Po-*
sitive Erfüllung). Ein Disjunkt, dessen Negation folgt, kann aus
der Disjunktion entfernt werden (*Negative Reduktion*). Hat man
schließlich nur noch ein Disjunkt übrig, so muß es erfüllt werden,
damit es folgt (*Positive Durchführung*).

Eine weniger vollständige Variante der Disjunktion erhält man
übrigens, wenn man *Positive Durchführung* durch eine Reduktionsregel ersetzt, die eine Disjunktion ohne Disjunkte ($n = 0$)

scheitern läßt, und die Vorbedingung $n > 1$ der Reduktionsregel *Negative Reduktion* wegläßt.

$$\boxed{\begin{aligned}
&\textit{Positive Durchführung} \\
&\quad \langle G \wedge \bigvee_{i=1}^{1} C_i, C \rangle \mapsto \langle G \wedge C_1, C \rangle \\
&\textit{Positive Erfüllung} \\
&\quad \frac{CT \models \forall(C \rightarrow C_j) \quad \text{für ein } j \in \{1,\ldots,n\}}{\langle G \wedge \bigvee_{i=1}^{n} C_i, C \rangle \mapsto \langle G, C \rangle} \\
&\textit{Negative Erfüllung} \\
&\quad \frac{CT \models \forall(C \rightarrow \neg C_j) \quad \text{für ein } j \in \{1,\ldots,n\}, \quad n > 1}{\langle G \wedge \bigvee_{i=1}^{n} C_i, C \rangle \mapsto \langle G \wedge (C_1 \vee \ldots \vee C_{j-1} \vee C_{j+1} \vee \ldots \vee C_n), C \rangle}
\end{aligned}}$$

Abb. 5.4. Reduktionsregeln für Disjunktionen

Beispiel 5.2.1. Das Minimum-Prädikat kann mit Hilfe der Disjunktion implementiert werden:

$$\{\texttt{min(X,Y,Z)} \leftarrow (\texttt{X} \leq \texttt{Y} \wedge \texttt{X} \doteq \texttt{Z}) \vee (\texttt{Y} \leq \texttt{X} \wedge \texttt{Y} \doteq \texttt{Z})\}$$

Die Ziele `min(1,2,C)`, `min(A,2,1)` und `min(A,2,3)` führen alle durch *Negative Reduktion* und anschließende *Positive Durchführung* zu den bekannten Anworten. Das Ziel `min(A,A,B)` führt aber lediglich zur Antwort $(\texttt{A} \leq \texttt{A} \wedge \texttt{A} \doteq \texttt{B}) \vee (\texttt{A} \leq \texttt{A} \wedge \texttt{A} \doteq \texttt{B})$ und kann nicht weiter vereinfacht werden, da keines der beiden (wenn auch identischen) Disjunkte für sich allein folgt. Auch das Ziel `min(A,2,2)` führt zu einer Disjunktion, die nicht weiter vereinfacht werden kann. Dasselbe gilt für die Ziele $\texttt{min(A,B,C)} \wedge \texttt{A} \leq \texttt{B}$ und $\texttt{min(A,B,C)} \wedge \texttt{A} \geq \texttt{B}$. $\Diamond$

Konstruktive Disjunktion

Diese Variante der Disjunktion ist vollständiger, weil eine neue, mächtige Reduktionsregel zum Kalkül hinzugefügt wird

(Abb. 5.5). Die Idee ist, daß man aus der Disjunktion im aktuellen Kontext des Constraintspeichers, C, ein neues Constraint D gewinnen kann, das für jedes Disjunkt C_i im Kontext erfüllt sein muß. Es wird sozusagen der „kleinste gemeinsame Nenner" aller Disjunkte in Form eines Constraints ermittelt. Wir sagen auch, daß bei Anwendung der Reduktionsregel *Generalisierung* die Disjunktion das Constraint D *propagiert*. Das zweite Konjunkt $\neg(C \rightarrow D)$ in der Bedingung der Reduktionsregel stellt sicher, daß D „spezieller" als C ist. Wie stark und von welcher Art das propagierte Constraint sein kann, hängt von Effizienzüberlegungen ab. Im allgemeinen ist die *Generalisierung* sehr aufwendig zu implementieren.

$$\boxed{\begin{array}{c} \textit{Generalisierung} \\[2mm] CT \models \forall(((C \wedge \bigvee_{i=1}^{n} C_i) \rightarrow D) \wedge \neg(C \rightarrow D)) \\ \hline \langle G \wedge \bigvee_{i=1}^{n} C_i, C \rangle \mapsto \langle G \wedge \bigvee_{i=1}^{n} C_i, C \wedge D \rangle \end{array}}$$

Abb. 5.5. Reduktionsregel für Konstruktive Disjunktionen

Die Reduktionsregel *Positive Durchführung* kann nun entfallen, da sie sich als Spezialfall der *Generalisierung* mit nachfolgender *Positive Erfüllung* herausstellt.

Beispiel 5.2.2. Das Constraint $(\mathtt{X} < \mathtt{Y} \vee \mathtt{X} < \mathtt{Z}) \wedge \mathtt{Y} < \mathtt{Z}$ könnte ohne die Reduktionsregel *Generalisierung* nicht vereinfacht werden. Es propagiert mittels *Generalisierung* das Constraint $\mathtt{X} < \mathtt{Z}$. Durch die Reduktionsregel *Positive Erfüllung* führt dann das Constraint $(\mathtt{X} < \mathtt{Y} \vee \mathtt{X} < \mathtt{Z}) \wedge \mathtt{Y} < \mathtt{Z} \wedge \mathtt{X} < \mathtt{Z}$ mit dem Disjunkt $\mathtt{X} < \mathtt{Z}$ zur Antwort $\mathtt{Y} < \mathtt{Z} \wedge \mathtt{X} < \mathtt{Z}$. $\Diamond$

Beispiel 5.2.3. Betrachten wir wieder das Minimum–Prädikat:

$$\{\mathtt{min(X,Y,Z)} \leftarrow (\mathtt{X} \leq \mathtt{Y} \wedge \mathtt{X} \doteq \mathtt{Z}) \vee (\mathtt{Y} \leq \mathtt{X} \wedge \mathtt{Y} \doteq \mathtt{Z})\}$$

Bereits aus dem Rumpf der Klausel kann durch die Anwendung der *Generalisierung* gefolgert werden, daß in jedem Fall

$Z \leq X \wedge Z \leq Y$ erfüllt sein muß. Das Minimum zweier Zahlen ist immer kleiner als jede oder gleich jeder der beiden Zahlen.

Die Disjunktion $(A \leq A \wedge A \doteq B) \vee (A \leq A \wedge A \doteq B)$ kann durch *Generalisierung* vereinfacht werden. Sie propagiert trivialerweise $(A \doteq B)$. Danach folgen beide Disjunkte und *Positive Erfüllung* ist anwendbar. Das Ziel $\mathtt{min(A,2,2)}$ führt zur Disjunktion $(A \leq 2 \wedge A \doteq 2) \vee (2 \leq A \wedge 2 \doteq 2)$, und diese propagiert das Constraint $2 \leq A$. Daraus folgt das zweite Disjunkt. Die Disjunktion wird daher mit *Positive Erfüllung* ersetzt durch $2 \leq A$. Das Ziel $\mathtt{min(A,B,C)} \wedge A \leq B$ führt nach dem *Entfalten* zur Anwendung der *Generalisierung*, wobei $A \doteq C$ propagiert werden kann. Zusammen mit $A \leq B$ folgt daraus natürlich das erste Disjunkt $A \leq B \wedge A \doteq C$. Analog wird das Ziel $\mathtt{min(A,B,C)} \wedge A \geq B$ behandelt. $\Diamond$

5.3 Kardinalität

Die Kardinalität (vorgeschlagen von van Hentenryck) verallgemeinert die logischen Verknüpfungen Negation, Disjunktion und Konjunktion für Constraints, indem man die Anzahl der Constraints zählt, die folgen. Der Ausdruck $L \leq \sum_{i=1}^{n} C_i \leq U$ bedeutet, daß mindestens L und höchstens U Constraints in der Summe $C_1 + \cdots + C_n$ folgen dürfen.

Folgende Spezialfälle der Kardinalität entsprechen den erwähnten logischen Verknüpfungen:

- $0 \leq \sum_{i=1}^{1} C_i \leq 0)$ entspricht der Negation des Constraints $\neg C$.

- $n \leq \sum_{i=1}^{n} C_i \leq n)$ entspricht der Konjunktion $\bigwedge_{i=1}^{n} C_i$.

- $1 \leq \sum_{i=1}^{n} C_i \leq n)$ entspricht der Disjunktion $\bigvee_{i=1}^{n} C_i$.

Die operationale Semantik der Kardinalität ist durch die Reduktionsregeln in Abb. 5.6 definiert, wobei wir voraussetzen: $L \leq U, 0 \leq U, L \leq n$, wobei n die Anzahl der Constraints in der Aufzählung ist. Die ersten drei Reduktionsregeln behandeln Spezialfälle: Sind die Grenzen L und U zu weit, ist die Kardinalität erfüllt (*Triviale Erfüllung*). Ist $L = n$, müssen alle Constraints erfüllt werden (*Positive Durchführung*). Ist $U = 0$, darf keines der Constraints erfüllbar sein (*Negative Durchführung*). *Positive Reduktion* und *Negative Reduktion* entfernen ein Constraint, das folgt bzw. dessen Negation folgt, und dekrementieren im positiven Fall die Grenzen L und U.

Triviale Erfüllung
$$\frac{L \leq 0 \wedge U \geq n}{\langle L \leq \sum_{i=1}^{n} C_i \leq U \wedge G, C \rangle \mapsto \langle G, C \rangle}$$

Positive Durchführung
$$\frac{L = n}{\langle L \leq \sum_{i=1}^{n} C_i \leq U \wedge G, C \rangle \mapsto \langle C_1 \wedge \ldots \wedge C_n \wedge G, C \rangle}$$

Negative Durchführung
$$\frac{U = 0}{\langle L \leq \sum_{i=1}^{n} C_i \leq U \wedge G, C \rangle \mapsto \langle \neg C_1 \wedge \ldots \wedge \neg C_n \wedge G, C \rangle}$$

Positive Reduktion
$$\frac{CT \models \forall(C \to C_j) \quad \text{für ein } j \in \{1, \ldots, n\} \quad U > 0}{\langle L \leq \sum_{i=1}^{n} C_i \leq U \wedge G, C \rangle \mapsto \langle L-1 \leq \sum_{i=1, i \neq j}^{n} C_i \leq U-1) \wedge G, C \rangle}$$

Negative Reduktion
$$\frac{CT \models \forall(C \to \neg C_j) \quad \text{für ein } j \in \{1, \ldots, n\} \quad L < n}{\langle L \leq \sum_{i=1}^{n} C_i \leq U \wedge G, C \rangle \mapsto \langle L \leq \sum_{i=1, i \neq j}^{n} C_i \leq U) \wedge G, C \rangle}$$

Abb. 5.6. Reduktionsregeln für Kardinalitäten

Die Reduktionsregel *Negative Durchführung* kann nur implementiert werden, wenn negierte Constraints erlaubt sind. Andernfalls ist eine weniger vollständige Variante durch eine Reduktionsregel möglich, die, falls $U = 0$ ist und ein C_i folgt, zu einem gescheiterten Endzustand führt.

Beispiel 5.3.1. Die Kardinalität $1 \leq (\mathtt{X} \doteq 4) + (\mathtt{Y} \doteq 10) \leq 2$ besagt, daß $X \doteq 4$ oder $Y \doteq 10$ erfüllt werden muß. Kommt das Constraint $X > 6$ hinzu, folgt daraus $\neg(X \doteq 4)$. Durch *Negative Reduktion* wird die Kardinalität zu $1 \leq (\mathtt{Y} \doteq 10) \leq 2$ vereinfacht. Durch *Positive Durchführung* wird die Kardinalität zu $\mathtt{Y} \doteq 10$ vereinfacht.

Das Prädikat **min** kann durch eine Kardinalität $1 \leq (\mathtt{X} \leq \mathtt{Y} \wedge \mathtt{X} \doteq \mathtt{Z}) + (\mathtt{Y} \leq \mathtt{X} \wedge \mathtt{Y} \doteq \mathtt{Z}) \leq 2$ implementiert werden, das Verhalten ist daher dasselbe wie bei der Disjunktion ohne Generalisierung. ◊

5.4 Meta-Constraint

In der englischsprachigen Literatur gibt es noch keine einheitliche Nomenklatur für dieses Konstrukt, das wir Meta-Constraint nennen und das in den letzten Jahren in verschiedenen Varianten in immer mehr Implementierungen aufgetaucht ist. Es wird dort „nested constraint", „meta constraint" oder auch „reified constraint" genannt.

Das Meta-Constraint hat die Form $C \Longleftrightarrow X$ und verbindet das Constraint C mit einer Variablen. Die Variable X hat den Wert 1, wenn C folgt, und sie hat den Wert 0, wenn $\neg C$ folgt. Umgekehrt muß C erfüllt werden, wenn $X \doteq 1$ folgt, und $\neg C$ erfüllt werden, wenn $X \doteq 0$ folgt. Die logische Leseweise ist also $(C \leftrightarrow (X \doteq 1)) \wedge (\neg C \leftrightarrow (X \doteq 0))$.

Die Reduktionsregel *Negative Durchführung* (Abb. 5.7) kann wieder nur implementiert werden, falls der Constraintlöser negierte Constraints erlaubt. Läßt man sie weg, erhält man eine weniger vollständige Variante des Meta-Constraints.

Mit dem Meta-Constraint läßt sich *jede* logische Formel über Constraints (zumindest unvollständig) implementieren, vorausgesetzt der Constraintlöser stellt auch einen Löser für Boolesche Constraints zur Verfügung (siehe Abschnitt 8.2). Boolesche Constraints sind logische Formeln über Variablen, die nur die Werte 1 oder 0 annehmen können. $=_B$ steht für Gleichheit von Booleschen Termen, ⊔ für Disjunktion.

Beispiel 5.4.1.
Das Constraint $(A \doteq -1 \vee A \doteq 1) \wedge A < 0$ läßt sich durch das Ziel $((X \sqcup Y =_B 1) \wedge (A \doteq -1 \Longleftrightarrow X) \wedge (A \doteq 1 \Longleftrightarrow Y)) \wedge A < 0)$ ausdrücken. Da $A < 0$ ist, folgt $\neg(A \doteq 1)$. Das Meta-Constraint $(A \doteq 1 \Longleftrightarrow Y)$ wird daher mit *Negative Erfüllung* ersetzt durch $Y =_B 0$. Damit kann der Boolesche Constraintlöser das Constraint $X \sqcup Y =_B 1$ zu $X \doteq_B 1$ vereinfachen. Dies bewirkt, daß

$$\boxed{\begin{array}{l}
\textit{Positive Erfüllung} \\
\dfrac{CT \models \forall(D \to C)}{\langle(C \Longleftrightarrow X) \land H, D\rangle \mapsto \langle X \doteq 1 \land H, D\rangle} \\[2ex]
\textit{Negative Erfüllung} \\
\dfrac{CT \models \forall(D \to \neg C)}{\langle(C \Longleftrightarrow X) \land H, D\rangle \mapsto \langle X \doteq 0 \land H, D\rangle} \\[2ex]
\textit{Positive Durchführung} \\
\dfrac{CT \models \forall(D \to X \doteq 1)}{\langle(C \Longleftrightarrow X) \land H, D\rangle \mapsto \langle C \land H, D\rangle} \\[2ex]
\textit{Negative Durchführung} \\
\dfrac{CT \models \forall(D \to X \doteq 0)}{\langle(C \Longleftrightarrow X) \land H, D\rangle \mapsto \langle \neg C \land H, D\rangle}
\end{array}}$$

Abb. 5.7. Reduktionsregeln für Meta-Constraints

das Meta-Constraint $\mathtt{A} \doteq -1 \Longleftrightarrow \mathtt{X}$ mit *Positive Durchführung* zu $\mathtt{A} = -1$ vereinfacht wird. So erhalten wir die Antwort $\mathtt{A} \doteq -1 \ \land \ \mathtt{X} =_{\mathrm{B}} 1 \ \land \ \mathtt{Y} =_{\mathrm{B}} 0$. $\Diamond$

Wir können übrigens die Disjunktion $\bigvee_{i=1}^{n} C_i$ mit Meta-Constraints implementieren. Wir schreiben ein Meta-Constraint $C_i \Longleftrightarrow X_i$ für jedes Constraint C_i aus der Disjunktion. Die Disjunktion ist jetzt genau dann erfüllt, wenn zusätzlich das Boolesche Gleichheitsconstraint $(X_1 \sqcup \ldots \sqcup X_n) =_B 1$ erfüllt ist.

6 Nebenläufige CL-Programmierung

Nebenläufige Constraint-Logikprogrammierung (NCLP) (engl. concurrent constraint (CC) logic programming) kombiniert nebenläufige logische Programmierung [Sha89] mit Ideen der Constraint-Logikprogrammierung [Mah87] (Abb. 6.1). Das erste vereinheitlichte Modell für diese unterschiedlichen Sprachfamilien wurde mit der CC-Sprachfamilie [Sar93] vorgeschlagen.

1983	Shapiro, Concurrent Prolog, dann FCP (Flat Concurrent Prolog)
1985	Ueda, GHC (Guarded Horn Clauses)
1986	Clark, Parlog (Parallel Prolog)
1987	Maher, ALPS-Sprachfamilie (eine committed choice Sprache)
1989	Saraswat, CC-Sprachfamilie (Concurrent Constraints)
1990	Fifth Generation Computing Project, KL1 (Kernel Language One)
1990	Haridi, AKL (Andorra Kernel Language)
1991	Hermengildo, CIAO (Constraints with independent And-Or Parallelism)
1992	Smolka, OZ (integriert Funktionen, Objekte und Constraints)

Abb. 6.1. Nebenläufige Constraint-Logikprogrammierung

Nebenläufige Programmiersprachen erlauben die Beschreibung von Programmen, die nebeneinander ausgeführt werden und miteinander interagieren können, sogenannten Prozessen.

Prozesse können entweder lokale Aktionen ausführen oder miteinander kommunizieren und sich synchronisieren, indem sie Nachrichten senden und empfangen. Die miteinander kommunizierenden Prozesse bilden ein Prozeß-Netzwerk, das sich dynamisch ändern kann. Für die Nebenläufigkeit spielt es keine Rolle, ob Prozesse physikalisch parallel oder im Wechsel durchgeführt werden.

In nebenläufigen Constraint-Logikprogrammiersprachen sind die Prozesse durch Prädikate implementiert, die miteinander durch Abfragen und Einfügen von Constraints (engl. ask und tell) in einem Constraintspeicher interagieren. Das Abfragen ist mittels Folgerungstest realisiert, es wird geprüft, ob ein Constraint bzw. seine Negation vom aktuellen Constraintspeicher logisch impliziert wird. Genaugenommen erfolgt die Interaktion durch den Prozessen gemeinsame logische Variablen, die von Constraints eingeschränkt werden. Die Kommunikation erfolgt in der Regel asynchron.

Prozesse sind typisch für die Realisierung von verteilten Systemen, d.h. Daten und Berechnungen, die auf ein Netzwerk von Rechnern verteilt sind. Prozesse können auch bestimmungsgemäß nichtterminierend sein. Man denke etwa an ein Betriebssystem, das im Normalfall ständig läuft, oder an Überwachungsprogramme, die kontinuierlich ankommende Meßdaten verarbeiten und regelmäßig ein Zwischenergebnis liefern sollen. Es muß also möglich sein, bereits während des Rechenvorganges, während der Prozeß läuft, eindeutige Zwischenergebnisse an andere Prozesse zu übermitteln.

All dies bedeutet für einen Prozeß, daß Entscheidungen und die durch sie hervorgerufenen Aktionen i. allg. nicht mehr rückgängig gemacht werden können. Suche durch Rücksetzen wie in CLP-Sprachen („don't know"-Nichtdeterminismus) kann nicht mehr zugelassen werden. An ihre Stelle treten Entscheidungen, „zu denen man steht"[1]. Mit Entscheidung ist dabei die Auswahl einer passenden Klausel gemeint. Wenn es mehrere passende

---

[1] Daher auch der alternative englischsprachige Begriff „committed choice constraint languages" für NCLP-Sprachen.

Klauseln gibt, nimmt man irgendeine, die alternativen Klauseln werden nicht mehr berücksichtigt. Man spricht in diesem Zusammenhang von „don't care"-Nichtdeterminismus.

Wegen der oben erwähnten Anforderungen an Prozesse will man auch das Scheitern verhindern: Das Scheitern eines Zielatomes (d.h. einzelnen Prozesses) zieht immer das Scheitern der ganzen Ableitung (d.h. aller beteiligten Prozesse) nach sich. Dies wäre in Anwendungen wie Betriebssystemen oder Überwachungssystemen fatal. Die Negation von Atomen zuzulassen macht daher auch wenig Sinn.

Saraswat stellt in [Sar93] die CC-Sprachfamilie vor, die sowohl „don't care"-Nichtdeterminismus als auch „don't know"-Nichtdeterminismus erlaubt. Auch in den aktuellen implementierten NCLP-Sprachen wie AKL, CIAO und OZ ist die Suche auf bestimmte Programmteile beschränkbar (engl. encapsulated) und in ihrer Art programmierbar, so daß die grundlegenden Eigenschaften der Prozesse gewahrt bleiben, Teilprobleme aber durch gezielte Suche gelöst werden können.

6.1
NCLP-Kalkül

Wir werden uns im folgenden auf NCLP-Sprachen beschränken, die nur „don't care"-Nichtdeterminismus erlauben. Die Syntax und Semantik von NCLP-Sprachen orientiert sich wie bei den bisher behandelten Sprachen an der Logik, während viele andere nebenläufige Programmiersprachen auf der Prozeßalgebra basieren.

Die Syntax von NCLP-Sprachen unterscheidet sich von der Syntax der CLP-Sprachen darin, daß Klauseln syntaktisch um Vorbedingungen erweitert werden (Abb. 6.2).

Definition 6.1.1. Eine NCL-Klausel (auch: bedingte Klausel) ist von der Form

$$A \leftarrow C \mid G$$

wobei der Kopf A ein Atom ist, C ein Constraint, genannt *Wächter* (auch: Vorbedingung, engl. guard), und der Rumpf G

ein Ziel. Ein *NCL-Programm* ist eine endliche Menge von NCL-Klauseln. $\lhd$

Man schreibt für $H \leftarrow true \mid B$ auch abkürzend $H \leftarrow B$. In manchen NCLP-Sprachen werden auch Wächter mit beliebigen Zielen zugelassen, man nennt diese englischsprachig „deep guards" im Unterschied zu den „flat guards", bei denen Wächter auf Constraints beschränkt sind.

$$
\begin{array}{llll}
\text{Atome:} & A, B & ::= & p(t_1, \ldots, t_n), \quad n \geq 0 \\
\text{Constraints:} & C, D & ::= & c(t_1, \ldots, t_n) \mid C \wedge D, \ n \geq 0 \\
\text{Ziele:} & G, H & ::= & \top \mid A \mid C \mid G \wedge H \\
\textit{Klauseln:} & K & ::= & A \leftarrow C \mid G \\
\text{Programme:} & P, Q & ::= & \{K_1, \ldots, K_m\}, \ m \geq 0
\end{array}
$$

Abb. 6.2. NCLP-Syntax

Die Definitionen der Arten von Zuständen, Ableitungen und Zielen sind dieselben wie im CLP-Kalkül (mit einer Ergänzung, siehe Definition 6.1.2). Auch die Kongruenz ist dieselbe. Der Unterschied liegt in den Reduktionsregeln (Abb. 6.3): In der Reduktionsbedingung für *Entfalten* wird nun der Wächter berücksichtigt, und die Reduktion kann nicht mehr rückgängig gemacht werden. Die Reduktionsregel *Scheitern* gibt es nicht mehr.

$$
\begin{array}{c}
\textit{Entfalten} \\
(B \leftarrow D \mid H) \text{ aus } P \\
CT \models C \rightarrow \exists \bar{x}((B \dot{=} A) \wedge D) \\
\hline
\langle A \wedge G, C \rangle \ \longmapsto_{\text{Entfalten}} \ \langle H \wedge G, (B \dot{=} A) \wedge C \rangle \\
\\
\textit{Vereinfachen:} \\
CT \models (C \wedge D_1) \leftrightarrow D_2 \\
\hline
\langle C \wedge G, D_1 \rangle \ \longmapsto_{\text{Vereinfachen}} \ \langle G, D_2 \rangle
\end{array}
$$

Abb. 6.3. NCLP-Reduktionsregeln

Ein Atom A eines Zustandes kann mit einer Klausel $B \leftarrow D \mid G$ genau dann mit *Entfalten* entfaltet werden, wenn aus dem aktuellen Constraintsspeicher und der Constrainttheorie die Formel $\exists \bar{x} \, (B \doteq A \wedge D)$ impliziert wird, wobei $\bar{x}$ die in B vorkommenden Variablen sind. Der Folgerungstest in der Bedingung der Reduktionsregel *Entfalten* verallgemeinert den Begriff des Tests aus herkömmlichen Programmiersprachen. Operational entspricht der Folgerungstest für die Gleichheit $\exists \bar{x} \, (B \doteq A)$ einer Überprüfung, ob das ausgewählte Ziel eine Instanz des Klauselkopfes ist, und einer nachfolgenden Unifikation.[2] Wird die Reduktionsregel *Entfalten* ausgeführt, spricht man davon, daß die Klausel *feuert*.

Ohne die Reduktionsregel *Scheitern* werden Atome, für die keine passende Klausel gefunden wurde, verzögert in der Hoffnung, daß *Entfalten* später möglich ist. Daraus ergibt sich auch eine neue Art von Endzustand, die daher kommt, daß kein Atom mehr entfaltet werden kann.

Definition 6.1.2. Ein Zustand $\langle G, C \rangle$ mit G ungleich $\top$ und C ungleich *false*, auf den keine Reduktionsregel mehr anwendbar ist, heißt *verklemmt* (engl. deadlocked). $\lhd$

Verklemmte Zustände will man nach Möglichkeit vermeiden. Sie werden in der Regel als Programmfehler angesehen, denn Prozesse sollen ja entweder ständig weiterrechnen oder ordnungsgemäß terminieren.

Unsere vom CLP-Kalkül ausgehende operationale Semantik ist übrigens für die genaue Beschreibung nebenläufiger Berechnungen nicht ganz ausreichend, denn sie beschreibt nicht, wie mehrere Atome gleichzeitig entfaltet werden können.

Beispiel 6.1.1. Diesmal definieren wir **min** als NCL-Prädikat:

```
{min(X,Y,Z) ← X ≤ Y | X ≐ Z,
 min(X,Y,Z) ← Y ≤ X | Y ≐ Z }
```

---

[2] Man spricht auch von einseitiger Unifikation (engl. one-way unification, matching).

Auf den Anfangszustand $\langle\mathrm{min}(1,2,\mathrm{C}),\mathit{true}\rangle$ ist die Reduktionsregel *Entfalten* mit der ersten Klausel anwendbar, weil die Reduktionsbedingung erfüllt ist:

$$CT \models \forall(\mathit{true} \rightarrow \exists C(\mathrm{min}(1,2,\mathrm{C})\dot{=}\mathrm{min}(\mathrm{X},\mathrm{Y},\mathrm{Z}) \wedge \mathrm{X} \leq \mathrm{Y}))$$

Dies führt zu folgender Ableitung:

$$\langle\mathrm{min}(1,2,\mathrm{C}),\,\mathit{true}\rangle$$
$$\longmapsto_{\mathit{Entfalten}} \quad \langle\mathrm{X}\dot{=}\mathrm{Z},\; 1\dot{=}\mathrm{X}\wedge 2\dot{=}\mathrm{Y}\wedge\mathrm{C}\dot{=}\mathrm{Z}\rangle$$
$$\longmapsto_{\mathit{Vereinfachen}} \quad \langle\top,\,\mathrm{C}\dot{=}1\rangle$$

Der vorteilhafte Unterschied zum CLP-Kalkül ist, daß dies die einzig mögliche Ableitung ist, während in der CLP-Formulierung ein Scheitern bei Auswahl der zweiten Klausel die Folge war.

Der Anfangszustand $\langle\mathrm{min}(\mathrm{A},2,1),\mathit{true}\rangle$ erlaubt keine Reduktionen, da nicht über die Beziehung von A und 2 entschieden werden kann. Der Zustand ist daher verklemmt. Ebenso verhält es sich mit den Zielen $\mathrm{min}(\mathrm{A},2,2)$ und $\mathrm{min}(\mathrm{A},2,3)$. Im CLP-Kalkül war es hier möglich, durch Suche „rückwärts" zu rechnen.

Wenn der Anfangszustand $\langle\mathrm{min}(\mathrm{A},\mathrm{A},\mathrm{B}),\mathit{true}\rangle$ ist, erfüllen beide Klauseln die Reduktionsbedingung von *Entfalten*. Nur eine Klausel wird gewählt. Unabhängig von der gewählten Klausel ist das Antwortconstraint $\mathrm{A}\dot{=}\mathrm{B}$. Der Zustand $\langle\mathrm{min}(\mathrm{A},\mathrm{B},\mathrm{C}),\mathrm{A}\leq\mathrm{B}\rangle$ führt bei Auswahl der ersten Klausel zur Antwort $\mathrm{A}\underline{\leq}\mathrm{B} \wedge \mathrm{A}\dot{=}\mathrm{C}$. Analog führt der Zustand $\langle\mathrm{min}(\mathrm{A},\mathrm{B},\mathrm{C}),\mathrm{A}\geq\mathrm{B}\rangle$ mit der zweiten Klausel zur Antwort $\mathrm{A} \geq \mathrm{B} \wedge \mathrm{B} \dot{=} \mathrm{C}$. $\Diamond$

Beispiel 6.1.2. Wir lösen in diesem Beispiel das Hammingsche Programmierproblem, eine geordnete Sequenz der (unendlich vielen) Zahlen zu berechnen, deren Primfaktoren nur die Zahlen 2, 3 oder 5 sind. Die Sequenz beginnt mit den Zahlen $2\diamond 3\diamond 4\diamond 5\diamond 6\diamond 8\diamond 9\diamond 10\diamond 12\diamond 15\diamond 16\diamond 18\diamond 20\diamond 24\diamond 25\diamond\ldots$. Zwei benachbarte Zahlen später in der Sequenz sind 79164837199872 und 79254226206720.

Wir gehen von einem nichtterminierenden Prädikat $\mathrm{hamming}(\mathrm{S})$ aus, das alle Zahlen geordnet berechnet. Wir machen folgende Beobachtung: Multipliziert man alle Zahlen der Sequenz S mit 2, 3 bzw. 5 und vereinigt die drei entstehenden

Sequenzen zusammen mit $2 \diamond 3 \diamond 5$, so ergibt sich wieder die ursprüngliche Sequenz S. Die Idee ist nun, so zu tun, als wäre die (unendliche!) Sequenz S bereits bekannt. Wir erzeugen nun drei Prozesse **mults**, die die Zahlen der Ergebnissequenz S mit 2, 3 bzw. 5 multiplizieren (sobald sie tatsächlich bekannt werden). Zwei **merge**-Prozesse sorgen dafür, daß die drei entstehenden Sequenzen geordnet und ohne Duplikate in eine Sequenz verzahnt werden. Diese Sequenz ist wieder die Ergebnissequenz S, so daß dadurch die **mults**-Prozesse wiederum mit weiteren Zahlen versorgt werden.

```
{hamming(S) ←
   mults(1◊S,2,S2) ∧ mults(1◊S,3,S3) ∧
   mults(1◊S,5,S5) ∧ merge(S2,S3,S23) ∧
   merge(S5,S23,S),

 mults(X◊S,N,XSN) ← XSN ≐ X*N◊SN ∧ mults(S,N,SN),

 merge(X◊In1,Y◊In2,XYOut) ← X ≐ Y |
     XYOut ≐ X◊Out ∧ merge(In1,In2,Out),
 merge(X◊In1,Y◊In2,XYOut) ← X < Y |
     XYOut ≐ X◊Out ∧ merge(In1,Y◊In2,Out),
 merge(X◊In1,Y◊In2,XYOut) ← X > Y |
     XYOut ≐ Y◊Out ∧ merge(X◊In1,In2,Out)}
```

Das Ziel **mults(1◊S,2,S2)** führt mit den Reduktionsregeln *Enfalten* und *Vereinfachen* zu S2 ≐ 2◊S2N ∧ mults(S,2,S2N). Das Ziel **mults(S,2,S2N)** verzögert so lange, bis das erste Argument von **mults** eine Sequenz mit bekanntem erstem Element ist. Nur dann kann entfaltet werden. Eine unendliche Ableitung wird so vermieden, obwohl es nur eine rekursive Klausel gibt.

Ausgehend vom Ziel **hamming(S)** entfalten die drei entstehenden **mults**-Prozesse daher zu
S2 ≐ 2◊S2N ∧ S3 ≐ 3◊S3N ∧ S5 ≐ 5◊S5N ∧
mults(S,2,S2N) ∧ mults(S,3,S3N) ∧ mults(S,5,S5N) ∧
merge(S2,S3,S23) ∧ merge(S5,S23,S).

Da die ersten Zahlen der Sequenzen S2 und S3 bekannt sind, kann das Ziel **merge(S2,S3,S23)** entfaltet werden (mit der zweiten Klausel für **merge**). So wird die erste Zahl der Sequenz S23 berechnet: S23 $\doteq$ 2◇S23N $\wedge$ **merge**(S2N,S3,S23N). Daher führt das Ziel **merge**(S5,S23,S) zu: S $\doteq$ 2◇SN $\wedge$ **merge**(S5,S23N,SN).

Diese weitere Bestimmung von S stößt wiederum das Entfalten der **mults**-Prozesse an, so daß nach und nach die Zahlen der Hammingschen Sequenz berechnet werden. ◊

Beispiel 6.1.3. Das folgende Programm illustriert den „don't care"-Nichtdeterminismus im NCLP-Kalkül. Es simuliert das Werfen einer Münze:

```
{muenzewerfen(Seite) ←  Seite ≐ kopf,
 muenzewerfen(Seite) ←  Seite ≐ zahl}
```

Je nachdem, welche Klausel ausgewählt wird, kommt es zu unterschiedlichen Ergebnissen. Der Ausgang von **muenzewerfen** ist nicht vorhersehbar.[3] Insbesondere kann das Ziel **muenzewerfen(kopf)** scheitern oder erfolgreich sein. ◊

Der NCLP-Kalkül kann um das *bedingte Einfügen* von Constraints (engl. atomic tell[4]) erweitert werden (Abb. 6.4). Die Constraints stehen syntaktisch in einem zusätzlichen Teil des Wächters nach einem Doppelpunkt.

$$\boxed{\textit{Klauseln:} \quad K \quad ::= \quad A \leftarrow C : D \mid G}$$

Abb. 6.4. Erweiterte NCLP-Syntax von Klauseln

Die Reduktionsregel *Entfalten* kann jetzt nur stattfinden, wenn zusätzlich das Einfügen von D den Constraintspeicher konsistent erhält (Abb. 6.5). Man beachte, daß neben D_2 auch D_1 in

---

[3] Eine konkrete NCLP-Implementierung kann natürlich eine bestimmte, feste Selektionsregel verwenden.

[4] Das Einfügen von Constraints aus dem Rumpf der Klausel wird im Gegensatz dazu als „eventual tell" bezeichnet.

den Constraintspeicher eingefügt wird, da D_1 und D_2 gemeinsame Variablen haben können, die nicht in B vorkommen.

Mit Hilfe dieses erweiterten Kalküls ist es übrigens möglich, den Constraintspeicher immer konsistent zu halten und so das gefürchtete Scheitern zu vermeiden, indem man Constraints nur im Wächter erlaubt, aber nicht mehr im Rumpf.

$$
\begin{array}{l}
\textit{Entfalten} \\[4pt]
\qquad (B \leftarrow D_1 : D_2 \mid H) \text{ aus } P \\
\qquad CT \models C \rightarrow \exists \bar{x}((B \doteq A) \wedge D_1) \\
\underline{\qquad CT \models \exists((B \doteq A) \wedge D_1 \wedge D_2 \wedge C) \qquad} \\
\langle A \wedge G, C \rangle \mapsto_{\text{Entfalten}} \langle H \wedge G, (B \doteq A) \wedge D_1 \wedge D_2 \wedge C \rangle \\[4pt]
\textit{Vereinfachen:} \\
\underline{\qquad CT \models (C \wedge D_1) \leftrightarrow D_2 \qquad} \\
\langle C \wedge G, D_1 \rangle \mapsto_{\text{Vereinfachen}} \langle G, D_2 \rangle
\end{array}
$$

Abb. 6.5. Erweiterte NCLP-Reduktionsregeln

Beispiel 6.1.4. Nun definieren wir **min** wie folgt:

$$
\begin{aligned}
\{\texttt{min(X,Y,Z)} &\leftarrow \texttt{X} \leq \texttt{Y} : \texttt{X} \doteq \texttt{Z} \mid \textit{true}, \\
\texttt{min(X,Y,Z)} &\leftarrow \texttt{Y} \leq \texttt{X} : \texttt{Y} \doteq \texttt{Z} \mid \textit{true}\}
\end{aligned}
$$

Die Zustände von Beispiel 6.1.1 führen zu den gleichen Antwortconstraints. Der Unterschied äußert sich in einem Ziel **min(1,2,3)**. Im ursprünglichen NCLP-Kalkül scheitert das Ziel, im erweiterten Kalkül wird es verzögert. Das Ziel kann daher nicht die Berechnungen in den anderen Prozessen stören. $\Diamond$

NCLP-Sprachen ohne bedingtes Einfügen besitzen folgende vorteilhafte Eigenschaft, die Monotonie genannt wird:

Theorem 6.1.1. Monotonie Wenn $\langle G, C \rangle \mapsto_{\textit{Entfalten}} \langle G', C' \rangle$ und $C \wedge D$ konsistent ist, dann $\langle G \wedge H, C \wedge D \rangle \mapsto_{\textit{Entfalten}} \langle G' \wedge H, C' \wedge D \rangle$.

In Worten: Wenn eine Reduktionsregel *Entfalten* auf einen Zustand angewendet werden kann, dann kann diese Reduktionsregel auch auf jeden Zustand mit zusätzlichem Ziel und speziellerem Constraintspeicher (solange er konsistent bleibt) angewendet werden, und der Folgezustand unterscheidet sich nur durch das zusätzliche Ziel und das zusätzliche Constraint.

Diese Eigenschaften sind Vorteile von NCLP gegenüber anderen (nebenläufigen) Programmiersprachen. Monotonie garantiert größtmögliche Unabhängigkeit vom Aufrufkontext und ermöglicht so die modulare Analyse und Verwendung von Programmen. Monotonie kann daher die Verläßlichkeit (engl. reliability) von Programmen in verteilten System erhöhen, da Prozesse einander nicht stören können (weil sie Reduktionen verhindern).

6.2
Deklarative Semantik

Die deklarative Semantik von NCL-Programmen ist analog zur deklarativen Semantik von CL-Programmen. Die Symbole „|" und „:" werden dabei als Konjunktionen interpretiert. Die logische Leseweise einer NCL-Klausel $A \leftarrow C : D \mid G$ ist daher die definite Klausel

$$C \wedge D \wedge G \rightarrow A$$

und die Clarksche Vervollständigung eines NCL-Programmes ist dann wie in CLP definiert.

Die Diskrepanz zwischen operationaler und deklarativer Semantik ist in NCLP-Sprachen aber wegen des verwendeten „don't care"-Nichtdeterminismus größer. Diese Form von Nichtdeterminismus bedeutet ja, daß ein Ziel immer nur eine Ableitung hat. Man wünscht sich daher Vollständigkeitssätze für NCLP-Sprachen, die sich im Gegensatz zu denen von CLP-Sprachen auf eine einzige Ableitung beziehen, d.h. die Disjunkte aus Satz 4.4.2 werden zu einem einzigen Constraint eingeschränkt.

Im Prinzip würden die Korrektheits- und Vollständigkeitssätze wie in CLP (Abschnitt 4.4) gelten. Das Problem ist aber, daß im NCLP-Kalkül immer nur eine Ableitung betrachtet wird („don't care" Nichtdeterminismus) und nicht wie im CLP-Kalkül alle Ableitungen („don't know"-Nichtdeterminismus). Wenn man u.a. die Verklemmung ignoriert, haben NCLP-Sprachen folgendes Vollständigkeitsergebnis für erfolgreiche Ableitungen:

Wenn $P^{\leftrightarrow}, CT \models \exists G$, dann hat G eine erfolgreiche Ableitung.

Wenn aber im Laufe einer Ableitung eine „falsche" Regel ausgewählt wird, dann kann diese einzige Ableitung nicht feststellen, daß $P^{\leftrightarrow}, CT \models \exists G$.

Der Korrektheitssatz von erfolgreichen Ableitungen gilt aber analog:

Theorem 6.2.1. Korrektheit von erfolgreichen Ableitungen [Mah87] Sei P ein NCL-Programm und G ein Ziel. Wenn G eine erfolgreiche Ableitung mit einem Antwortconstraint C hat, dann gilt

$$P^{\leftrightarrow}, CT \models \forall(C \rightarrow G)$$

Maher und Saraswat haben eine eingeschränkte Klasse von NCL-Programmen untersucht, für die Korrektheits- und Vollständigkeitssätze wie in CLP gelten. Die Idee ist, „falsche" Ableitungen unmöglich zu machen, indem für jedes Atom immer nur die gleichen Klauseln zum Entfalten gewählt werden können: In *deterministischen* Programmen schließen sich die Wächter der Klauseln eines Prädikates gegenseitig aus. (Das Programm zum Münzenwerfen war nicht deterministisch). Für jedes Atom ist damit die Reduktionsbedingung für höchstens eine Klausel erfüllbar. Endliche Ableitungen unterscheiden sich aufgrund der Monotonieeigenschaft von NCLP dann nur in der Reihenfolge der Reduktionen. Die Reduktionen der einzelnen Atome sind aber immer dieselben, ebenso wie die Antwortconstraints.

Beispiel 6.2.1. Wir definieren **min** als deterministisches NCL-Prädikat:

```
{min(X,Y,Z) ← X ≤ Y : X ≐ Z | true,
 min(X,Y,Z) ← Y < X : Y ≐ Z | true}
```

Mit einer Ausnahme führen die Zustände von Beispiel 6.1.1 zu den gleichen Antwortconstraints. Zwar kann für das Ziel $\mathtt{min(A,A,B)}$ nur noch die erste Klausel die Reduktionsbedingung erfüllen, das Antwortconstraint ist aber wie zuvor $\mathtt{A \dot{=} B}$.

Auch der Zustand $\langle \mathtt{min(A,B,C)}, \mathtt{A \leq B} \rangle$ führt erwartungsgemäß zu $\mathtt{A \leq B} \wedge \mathtt{A \dot{=} C}$. Jedoch ist der Zustand $\langle \mathtt{min(A,B,C)}, \mathtt{A \geq B} \rangle$ verklemmt. $\Diamond$

Die Einschränkung auf deterministische NCL-Programme und auf Ziele, die mindestens eine faire Ableitung haben, erlaubt den gewünschten Vollständigkeitssatz.

Theorem 6.2.2. Vollständigkeit von erfolgreichen Ableitungen [Mah87] Sei P ein deterministisches NCL-Programm und G ein Ziel mit mindestens einer fairen Ableitung. Wenn gilt $P^{\hookleftarrow}, CT \models C \rightarrow G$ und C in CT erfüllbar ist, dann hat jede erfolgreiche Ableitung von G ein Antwortconstraint C', so daß

$$CT \models \forall C \rightarrow C'.$$

Der Vollständigkeitssatz gilt nicht, wenn G keine fairen Ableitungen hat. Man beachte, daß ein Ziel, das nur verklemmte Ableitungen hat, nach Definition keine faire Ableitung hat, da die Zielatome nicht nach endlich vielen Schritten ausgewählt werden.

Beispiel 6.2.2. Sei P das NCL-Programm für $\mathtt{min}$ aus Beispiel 6.1.1 und G das Ziel $\mathtt{min(A,B,C)}$. Es gilt $\mathcal{P}^{\hookleftarrow}, CT \models \forall (\mathtt{A \leq B} \wedge \mathtt{A \dot{=} C} \rightarrow G)$. Aber der Anfangszustand $\langle G, true \rangle$ ist verklemmt (daher gibt es keine faire Ableitung, deren Antwort von $(\mathtt{A \leq B} \wedge \mathtt{A \dot{=} C})$ impliziert werden könnte). $\Diamond$

Für die im Vollständigkeitssatz beschriebene Klasse von NCL-Programmen und Zielen gilt dann: Wenn ein Ziel eine endlich gescheiterte Ableitung hat, dann scheitert *jede* (faire) Ableitung endlich.

Theorem 6.2.3. Korrektheit und Vollständigkeit von erfolglosen Ableitungen [Mah87] Sei P ein deterministisches NCL-Programm und G ein Ziel mit mindestens einer fairen Ableitung. Dann sind folgende Aussagen äquivalent:

- $P^{\leftrightarrow}, CT \models \neg(\exists G)$
- G hat eine endlich gescheiterte Ableitung.
- Jede faire Ableitung von G scheitert endlich.

7 Constraint Handling Rules

Die Erfahrungen mit kommerziellen Anwendungen zeigen, daß oftmals kein homogenes Constraintproblem vorliegt, sondern eine subtile Kombination verschiedenster Constraintsysteme (siehe Kapitel 9). Häufig treten auch neuartige Constraints auf, die nur mit viel Aufwand in existierende Constraints übersetzt werden können. Oft ist die Übersetzung mit einem Verlust an Vollständigkeit verbunden.

Um Constraints so verwenden zu können, wie sie in einer Anwendung auftreten, wurde Anfang der 90er Jahre eine spezielle Sprache, Constraint Handling Rules (CHR), zum Implementieren von Constraintlösern entwickelt [Frü95]. Die Sprache ermöglicht die schnelle Erstellung von Prototypen, von Erweiterungen, von Spezialisierungen und von Kombinationen von Constraintlösern. Im Gegensatz zu den in Kapitel 5 behandelten Constrainterweiterungen ist damit weder die Art der Erweiterung noch die Art des Constraintsystems vorbestimmt. Alle dort vorgestellten Constrainterweiterungen können mit der Sprache CHR definiert werden.

Unter anderem wurde mit CHR ein Internetdienst implementiert, der die Berechnung einer Vergleichsmiete für eine beliebige Mietwohnung in München ermöglicht. In einer Applikationsstudie für Siemens wurden CHR zur Optimierung der Anzahl und Plazierung von Sendeanlagen für lokale Kommunikationsnetze in Gebäuden eingesetzt. Beide Anwendungen werden in Kapitel 9 vorgestellt.

CHR sind eine Spracherweiterung, die in eine Programmiersprache als Bibliothek eingebettet werden können. In der *Basissprache* werden Programme geschrieben, die dann neben eventuell bereits vorhandenen Constraints die in CHR implementierten Constraints benutzen können. Für den Programmierer in der Basissprache besteht kein Unterschied zwischen vordefinierten und CHR-Constraints. CHR-Programme wiederum können in der Basissprache implementierte Prädikate als Hilfsprädikate verwenden. Die wichtigsten Implementierungen von CHR-Bibliotheken gibt es in ECL^iPS^e und SICStus Prolog (Stand 1997).

CHR-Programme bestehen aus Regeln, die beschreiben, wie Constraints sich zu neuen Constraints vereinfachen und wie Constraints andere Constraints propagieren. Die Regeln zur Vereinfachung können als Erweiterung von NCL-Klauseln um Köpfe mit Konjunktionen (d.h. mehreren Atomen) aufgefaßt werden. Zur Anwendung kommt der „don't care"-Nichtdeterminismus. Fortgesetzte Vereinfachung und Propagierung von Constraints führt schließlich zur Lösung der Constraints, wie das folgende Beispiel illustriert.

Beispiel 7.0.3. Wir definieren mit CHR eine Ordnungsrelation X $\leq$ Y als Constraint. Das Gleichheitsconstraint $\doteq$ sei in der Basissprache vorhanden.

```
{X ≤ Y ⇔ X ≐ Y | true,    % Reflexivitaet
 X ≤ Y ∧ Y ≤ X ⇔ X ≐ Y, % Antisymmetrie
 X ≤ Y ∧ Y ≤ Z ⇒ X ≤ Z  % Transitivitaet
}
```

Die Reflexivitätsregel besagt, daß X $\leq$ Y wahr ist, falls der Wächter X $\doteq$ Y gilt. Aufgrund der Reflexivitätsregel kann jedes Vorkommen von A $\leq$ A durch *true* ersetzt werden. Diese Regel erkennt die Erfüllbarkeit eines Constraints. Die Antisymmetrieregel drückt aus, daß man die beiden Constraints X $\leq$ Y und Y $\leq$ X zum Gleichheitsconstraint X $\doteq$ Y vereinfachen kann. Die Antisymmetrieregel hat keinen Wächter, ist also immer anwendbar. Diese beiden Regeln sind Simplifikationsregeln, die Constraints vereinfachen bzw. lösen.

Die Transitivitätsregel besagt, daß die Konjunktion $X \leq Y$, $Y \leq Z$ das Constraint $X \leq Z$ impliziert. Diese Regel ist eine Propagierungsregel. Damit werden logische Konsequenzen als zusätzliche Constraints eingefügt. Dies ist durchaus sinnvoll, wie die Behandlung des Constraints $A \leq B \wedge C \leq A \wedge B \leq C$ durch die CHR-Regeln zeigt. Die Anwendung der Transitivitätsregel auf die Constraints $C \leq A \wedge A \leq B$ propagiert das neue Constraint $C \leq B$. Dieses Constraint zusammen mit $B \leq C$ kann durch die Antisymmetrieregel zu $B \doteq C$ vereinfacht werden. Nachdem B und C nun gleich sind, kann die Antisymmetrieregel auch $A \leq B \wedge C \leq A$ zu $A \doteq B$ vereinfachen. Die Antwort ist also „A, B und C haben denselben Wert". $\Diamond$

7.1
CHR-Kalkül

Im folgenden werden wir eine CLP-Sprache als Basissprache annehmen. Diese Kombination ist naheliegend und elegant, da beide Sprachen deklarativ sind und eine logische Semantik haben. Durch diese Basissprache steht uns Suche durch Rücksetzen zur Verfügung. Zugleich können wir auch auf die bereits vordefinierten Constraints in der CLP-Sprache zurückgreifen. Aus der Sicht der Basissprache wird nicht zwischen in der CLP-Sprache vordefinierten und durch CHR definierten Constraints unterschieden, und wir haben es mit einem normalen CLP-Kalkül zu tun. Der CHR-Kalkül hingegen beschreibt, wie durch CHR-Regeln definierte Constraints behandelt werden.

Im Gegensatz zur Signatur im CLP-Kalkül ist die Menge $\mathcal{P}$ der Prädikatensymbole in der Signatur im CHR-Kalkül in drei disjunkte Mengen unterteilt: $\mathcal{P}_p$ enthält die Prädikatensymbole der Basissprache, $\mathcal{P}_c$ enthält die in der Basissprache vordefinierten (engl. built-in) Constraintsymbole, und $\mathcal{P}_e$ enthält die durch CHR definierten Constraintssymbole. Wir nennen durch CHR definierte Constraints abkürzend CHR-Constraints.

Die Definitionen für Atome, Constraints und Ziele für CLP- und NCLP-Sprachen gelten weiterhin, wobei darin die Constraints beliebig (d.h. mit Constraintsymbolen aus $\mathcal{P}_c \cup \mathcal{P}_e$) sein können (Abb. 7.1).

Definition 7.1.1. Ein *CHR-Programm* ist eine endliche Menge von CHR-Regeln. Es gibt zwei Arten[1] von CHR-Regeln:

Simplifikation $E \Leftrightarrow C \mid G$
Propagierung $E \Rightarrow C \mid G$

wobei der Kopf E eine Konjunktion von CHR-Constraints ist, der Wächter C eine Konjunktion von vordefinierten Constraints und der Rumpf G ein beliebiges Ziel. $\lhd$

Atom:	A, B	::=	$p(t_1, \ldots, t_n)\ n \geq 0$
Vordef. Constraints:	C, D	::=	$c(t_1, \ldots, t_n) \mid C \wedge D\ n \geq 0$
CHR-Constraints:	E, F	::=	$\top \mid e(t_1, \ldots, t_n) \mid E \wedge F\ n \geq 0$
Ziele:	G, H	::=	$\top \mid \bot \mid A \mid C \mid E \mid G \wedge H$
Regeln:	R	::=	$E \Leftrightarrow C \mid G$
			$E \Rightarrow C \mid G$
Programm:	P, Q	::=	$\{R_1, \ldots, R_m\}\ m \geq 0$

Abb. 7.1. CHR-Syntax

Die Kongruenz ist dieselbe wie bisher. Die Zustände werden um eine Komponente erweitert, die die CHR-Constraints aufnimmt.

Definition 7.1.2. Ein *Zustand* ist ein Tripel $\langle G, E, C \rangle$, wobei G ein Ziel ist, E ein CHR-Constraint und C ein vordefiniertes Constraint. G wird Zielspeicher genannt, E CHR-Speicher und C vordefinierter Constraintspeicher. Der leere CHR-Speicher wird durch $\top$ dargestellt. $\lhd$

Die Arten der Zustände sind analog zu den bisherigen definiert. Wir lassen dabei in erfolgreichen Endzuständen CHR-Constraints genauso wie vordefinierte Constraints zu.

---

[1] Simpagierungsregeln [Frü95], eine Mischform der beiden Arten, werden hier nicht behandelt.

Definition 7.1.3. Ein *Anfangszustand* ist ein Zustand von der Form $\langle G, \top, true \rangle$. Ein Zustand heißt *erfolgreicher Endzustand*, wenn er von der Form $\langle \top, E, C \rangle$ ist, keine Reduktionsregel mehr auf den Zustand anwendbar ist und C ungleich *false* ist. Ein Zustand heißt *erfolgloser Endzustand* (gescheitert), wenn er die Form $\langle G, E, false \rangle$ hat. Die Definitionen für die Arten von Ableitungen und von Zielen aus den bisherigen Kalkülen (Definition 3.1.4) gelten weiterhin. $\lhd$

Die Definition der logischen Beschreibung eines Zustandes wird entsprechend angepaßt. Zusätzlich führen wir den Begriff des herleitbaren Constraints als die logische Beschreibung eines Zustandes mit leerem Zielspeicher ein:

Definition 7.1.4. Jedem Zustand $\langle H, E, C \rangle$, der in einer Ableitung beginnend mit $\langle G, \top, true \rangle$ vorkommt, wird eine Formel $\exists \bar{x}\, H \wedge E \wedge C$ als *logische Beschreibung* zugeordnet, wobei $\bar{x}$ die Variablen sind, die in H, E oder C, aber nicht in G vorkommen. Die in G vorkommenden Variablen bleiben frei.

Ein *herleitbares Constraint eines Zieles G* ist die logische Beschreibung eines Zustandes mit leerem Zielspeicher oder inkonsistentem vordefiniertem Constraintspeicher, der in einer Ableitung beginnend mit $\langle G, \top, true \rangle$ vorkommt.

Ein *Antwortconstraint (kurz: eine Antwort) eines Zieles G* ist die logische Beschreibung eines Endzustandes einer Ableitung, die mit $\langle G, \top, true \rangle$ beginnt. $\lhd$

Das Zustandsübergangssystem einer um CHR erweiterteten Basissprache ist eine Kombination der Reduktionsregeln der Basisprache und der Reduktionsregeln, die die Anwendung der zwei Arten von CHR-Regeln beschreiben (Abb. 7.2).

Einfügen fügt ein im Ziel gefundenes CHR-Constraint in den CHR-Speicher ein. Dort kann es durch *Simplifizieren* und *Propagieren* vereinfacht und ergänzt werden. Die Reduktionsregel *Simplifizieren* ist ähnlich der Reduktionsregel *Entfalten* von NCLP-Sprachen. Der wesentliche Unterschied liegt darin, daß nicht nur ein Atom, sondern eine beliebige Konjunktion F' von CHR-Constraints durch eine Regel entfaltet werden kann. Die Reduktionsregel *Propagieren* unterscheidet sich von der Reduktionsregel *Simplifizieren* darin, daß die CHR-Constraints F' im CHR-Speicher verbleiben.[2]

$$
\boxed{
\begin{array}{l}
\textit{Einfügen} \\[2pt]
\qquad \langle F \wedge G, E, C \rangle \longmapsto_{\text{Einfügen}} \langle G, F \wedge E, C \rangle \\[4pt]
\textit{Simplifizieren:} \\[4pt]
\qquad \dfrac{(F \Leftrightarrow D \mid H) \text{ aus } P \qquad CT \models C \rightarrow \exists \bar{x}((F \doteq F') \wedge D)}{\langle G, F' \wedge E, C \rangle \longmapsto_{\text{Simplifizieren}} \langle G \wedge H, E, (F \doteq F') \wedge C \rangle} \\[10pt]
\textit{Propagieren:} \\[4pt]
\qquad \dfrac{(F \Rightarrow D \mid H) \text{ aus } P \qquad CT \models C \rightarrow \exists \bar{x}((F \doteq F') \wedge D)}{\langle G, F' \wedge E, C \rangle \longmapsto_{\text{Propagieren}} \langle G \wedge H, F' \wedge E, (F \doteq F') \wedge C \rangle} \\[10pt]
\textit{Reduktionsregeln der Basissprache:} \\[4pt]
\qquad \dfrac{\langle G, C \rangle \longmapsto \langle H, D \rangle \text{ ist Reduktionsregel der Basissprache}}{\langle G, E, C \rangle \longmapsto \langle H, E, D \rangle}
\end{array}
}
$$

Abb. 7.2. CHR-Reduktionsregeln

Im kombinierten Zustandsübergangssystem werden die Reduktionsregeln der Basissprache so auf Zustände mit CHR-Speicher übertragen, daß sie den CHR-Speicher mitführen, sonst aber ignorieren.

Beispiel 7.1.1. Die Reduktionen für das Beispiel 7.0.3 sind:

$$
\begin{array}{ll}
& \langle A \leq B \wedge C \leq A \wedge B \leq C, \top, \textit{true} \rangle \\
\longmapsto^3_{\textit{Einfügen}} & \langle \top, A \leq B \wedge C \leq A \wedge B \leq C, \textit{true} \rangle \\
\longmapsto_{\textit{Propagieren}} & \langle C \leq B, A \leq B \wedge C \leq A \wedge B \leq C, \textit{true} \rangle \\
\longmapsto_{\textit{Einfügen}} & \langle \top, A \leq B \wedge C \leq A \wedge B \leq C \wedge C \leq B, \textit{true} \rangle \\
\longmapsto_{\textit{Simplifizieren}} & \langle B \doteq C, A \leq B \wedge C \leq A, \textit{true} \rangle \\
\longmapsto_{\textit{Vereinfachen}} & \langle \top, A \leq B \wedge C \leq A, B \doteq C \rangle \\
\longmapsto_{\textit{Simplifizieren}} & \langle A \doteq B, \top, B \doteq C \rangle \\
\longmapsto_{\textit{Vereinfachen}} & \langle \top, \top, A \doteq B \wedge B \doteq C \rangle \quad \Diamond
\end{array}
$$

---

[2] In einer Implementierung feuert eine Propagierungsregel nur einmal mit denselben Constraints, um triviale Nichtterminierung zu vermeiden.

Die Monotonieeigenschaft von NCLP-Sprachen ohne bedingtes Einfügen von Constraints gilt auch für die Reduktionsregeln *Einfügen*, *Simplifizieren* und *Propagieren* von CHR:

Theorem 7.1.1. Monotonie Wenn $\langle G, E, C \rangle \mapsto \langle G', E', C' \rangle$ und $C \wedge D$ konsistent ist, dann $\langle G \wedge H, E \wedge F, C \wedge D \rangle \mapsto \langle G' \wedge H, E' \wedge F, C' \wedge D \rangle$.

In Worten: Wenn eine Reduktionsregel für CHR auf einen Zustand angewendet werden kann, dann kann diese Reduktionsregel auch auf jeden erweiterten Zustand mit zusätzlichem Ziel und zusätzlichen Constraints angewendet werden, solange der Speicher für vordefinierte Constraints konsistent bleibt. Der Folgezustand unterscheidet sich nur durch das zusätzliche Ziel und die zusätzlichen Constraints.

Beispiel 7.1.2. Wir definieren **min** als CHR-Constraint, wobei sowohl $\doteq$ als auch $\leq$ und $<$ vordefinierte Constraints sind:

$$\{\texttt{min(X,Y,Z)} \Leftrightarrow \texttt{X} \leq \texttt{Y} \mid \texttt{X} \doteq \texttt{Z},$$
$$\texttt{min(X,Y,Z)} \Leftrightarrow \texttt{Y} \leq \texttt{X} \mid \texttt{Y} \doteq \texttt{Z},$$

$$\texttt{min(X,Y,Z)} \Leftrightarrow \texttt{Z} < \texttt{X} \mid \texttt{Y} \doteq \texttt{Z},$$
$$\texttt{min(X,Y,Z)} \Leftrightarrow \texttt{Z} < \texttt{Y} \mid \texttt{X} \doteq \texttt{Z},$$

$$\texttt{min(X,Y,Z)} \Rightarrow \texttt{Z} \leq \texttt{X} \wedge \texttt{Z} \leq \texttt{Y}\}$$

Im Unterschied zur Formulierung des Prädikates **min** im NCLP-Kalkül sind wir an einer möglichst vollständigen Abdeckung aller Vereinfachungsmöglichkeiten für das Constraint **min** interessiert. Die ersten beiden Simplifikationsregeln entsprechen der Formulierung im NCLP-Kalkül. Die zusätzlichen zwei Simplifikationsregeln können **min** vereinfachen, wenn das Größenverhältnis zwischen der Variablen **Z** und einer der Variablen **X** bzw. **Y** bekannt ist. Die letzte Regel propagiert eine Bedingung, die auf jeden Fall erfüllt sein muß (siehe auch das Beispiel für Generalisierung bei der konstruktiven Disjunktion in Kapitel 5). Das Minimum zweier Zahlen muß kleiner oder gleich den beiden

Zahlen sein. Auf weitere, mehrköpfige Regeln haben wir hier verzichtet.

Das Ziel $\mathtt{min(1,2,C)}$ führt wie in NCLP gewohnt zu $\mathtt{C\doteq 1}$ durch Anwendung der Reduktionsregel *Simplifizieren* mit der ersten Regel. Das gilt auch für die Ziele $\mathtt{min(A,A,B)}$, $\mathtt{min(A,B,C)} \wedge \mathtt{A \leq B}$ und $\mathtt{min(A,B,C)} \wedge \mathtt{A \geq B}$.

Durch die letzten beiden Simplifikationsregeln führt das Ziel $\mathtt{min(A,2,1)}$ zu $\mathtt{A\doteq 1}$. Das Scheitern von $\mathtt{min(A,2,3)}$ ist möglich, weil die Propagierungsregel die Constraints $3 \leq \mathtt{A} \wedge 3 \leq 2$ hinzufügt. Dem Ziel $\mathtt{min(A,2,2)}$ fügt die Propagierungsregel das Constraint $2 \leq \mathtt{A} \wedge 2 \leq 2$ hinzu. $2 \leq \mathtt{A}$ macht die zweite Simplifikationsregel auf $\mathtt{min(A,2,2)}$ anwendbar und die Antwort ist $2 \leq \mathtt{A}$.

Die drei Ziele können also mit geeigneten CHR-Regeln ohne die Notwendigkeit zur Suche (wie im CLP-Kalkül) oder zu einer Constraintserweiterung vollständig behandelt werden. $\Diamond$

7.2
Deklarative Semantik

Die deklarative Semantik von CHR-Programmen beruht nicht auf der Clarkschen Vervollständigung wie in den bisher behandelten Sprachfamilien, sondern jeder CHR-Regel wird für sich genommen eine logische Formel zugeordnet. Um die Darstellung der deklarativen Semantik zu erleichtern und unabhängig von der Basissprache zu machen, gehen wir in diesem Abschnitt davon aus, daß CHR-Programme bzw. Ziele nur Constraints und keine Atome beinhalten. Wir können dies ohne Beschränkung der Allgemeinheit tun, weil die in CHR-Programmen verwendeten Prädikate der Basissprache zur Laufzeit deterministisch sein müssen[3] und daher als vordefinierte Constraints aufgefaßt werden können.

Der Wächter als Vorbedingung einer Regel impliziert dabei einen logischen Zusammenhang zwischen Kopf und Rumpf der Regel: Im Fall einer Simplifikationsregel ist der Zusammenhang

---

[3] Wir wollen ja mit CHR Constraintlöser implementieren.

eine logischen Äquivalenz zwischen Kopf und Rumpf, im Fall einer Propagierungsregel eine Implikation. Die logische Leseweise der beiden Arten von CHR-Regeln ist:

$$\textit{Simplifikation} \quad \forall \bar{x} \ (\ C) \rightarrow (E \leftrightarrow \exists \bar{y} \ G)$$
$$\textit{Propagierung} \quad \forall \bar{x} \ (\ C) \rightarrow (E \rightarrow \exists \bar{y} \ G)$$

wobei $\bar{x}$ die in E und C vorkommenden Variablen sind und $\bar{y}$ die Variablen, die nur in G vorkommen.

Die logische Leseweise $\mathcal{P}$ eines CHR-Programms P ist die Konjunktion der logischen Leseweise der im Programm enthaltenen CHR-Regeln.

Vollständigkeit und Korrektheit des CHR-Kalküls sind unabhängig von der Art der Ableitung. Eine Unterscheidung in erfolgreiche und erfolglose Ableitungen wie in den bisherigen Kalkülen ist nicht notwendig. Statt mit Implikationen zwischen Ziel und Antwortconstraint haben wir es mit logischen Äquivalenzen zu tun. Die Resultate basieren vor allem darauf, daß Reduktionsregeln für CHR die Äquivalenz der Zustände erhalten:

Lemma 7.2.1. Sei P ein CHR-Programm und G ein Ziel. Wenn H ein herleitbares Constraint von G ist, dann gilt

$$\mathcal{P}, CT \models \forall \ (G \leftrightarrow H).$$

Beweis. Durch strukturelle Induktion über den Ableitungen:

Induktionsanfang: Keine Transition ist auf dem Anfangszustand $\langle G, \top, \textit{true} \rangle$ anwendbar. Dann ist G entweder $\top$ und $H = \textit{true}$ oder G ist $\bot$ und $H = \textit{false}$. Dann gilt:

$$\mathcal{P}, CT \models \forall \ (H \leftrightarrow G).$$

Induktionsschritt: Wir haben die Ableitung

$$\langle G, \top, \textit{true} \rangle \mapsto^* \langle G_1, E_1, C_1 \rangle \mapsto \langle G_2, E_2, C_2 \rangle.$$

Um zu beweisen, daß der letzte Schritt die logische Äquivalenz erhält, muß man beweisen, daß jede Reduktionsregel der operationalen Semantik die logische Äquivalenz erhält. Dies erfolgt dann durch Fallunterscheidung. $\square$

Aus diesem Lemma folgt unmittelbar, daß alle herleitbaren Constraints eines Zieles logisch äquivalent sind. Daraus folgt auch die Korrektheit.

Theorem 7.2.1. Korrektheit Sei P ein CHR-Programm und G ein Ziel. Wenn G eine Ableitung mit einem Antwortconstraint H hat, dann gilt

$$\mathcal{P}, CT \models \forall\,(G \leftrightarrow H).$$

Im CHR-Kalkül betrachten wir wie im NCLP-Kalkül bei der Vollständigkeit eine einzige Ableitung und ihre Antwort:

Theorem 7.2.2. Vollständigkeit Sei P ein CHR-Programm und G ein Ziel, das mindestens eine endliche Ableitung hat. Wenn $\mathcal{P}, CT \models \forall\,(G \leftrightarrow H)$ gilt, dann hat G eine Ableitung mit Antwortconstraint H', wobei

$$\mathcal{P}, CT \models \forall\,(H \leftrightarrow H').$$

Beweis. G hat mindestens eine endliche Ableitung. Sei H' das Antwortconstraint von G aus dieser Ableitung.

Nach dem Korrektheitssatz 7.2.1 gilt:

$$\mathcal{P}, CT \models \forall(G \leftrightarrow H')$$

Aus $\mathcal{P}, CT \models \forall(G \leftrightarrow H)$ folgt dann $\mathcal{P}, CT \models \forall(H \leftrightarrow H')$ $\quad\square$.

Der Vollständigkeitssatz gilt nicht, wenn G keine endlichen Ableitungen hat:

Beispiel 7.2.1. Sei P das CHR-Programm

$\{\mathbf{p} \Leftrightarrow \mathbf{p}\}$

G sei gegeben als das Ziel $\mathbf{p}$. Es gilt $\mathcal{P}, CT \models \mathbf{p} \leftrightarrow \mathbf{p}$. Aber G hat nur eine unendliche Ableitung. $\lozenge$

Die Vollständigkeitsaussage von Satz 7.2.2 ist für gescheiterte Ableitungen allerdings unbefriedigend, weil das Antwortconstraint nicht explizit inkonsistent (identisch zu *false*) sein muß: Wenn $\mathcal{P}, CT \models \neg\exists G$ gilt, dann hat G eine Ableitung mit Antwortconstraint H', wobei

$$\mathcal{P}, CT \models \forall \, (\textit{false} \leftrightarrow H').$$

Insbesondere kann das Antwortconstraint H' identisch zu G sein, wie das Beispiel zeigt:

Beispiel 7.2.2. Sei P das CHR-Programm

$$\{\text{p} \Leftrightarrow \text{q},$$
$$\ \text{p} \Leftrightarrow \textit{false}\}$$

Es gilt $\mathcal{P}, CT \models \neg\text{q}$. Aber q hat keine gescheiterte Ableitung, sondern eine erfolgreiche mit Antwortconstraint q. $\Diamond$

Ein stärkerer Satz ist für eine spezielle Klasse von CHR-Programmen möglich. Diese Programme müssen konfluent sein. Konfluenz ist eine Verallgemeinerung und Erweiterung des Determinismusbegriffs aus NCLP-Sprachen.

Wir haben gesehen, daß in CHR-Programmen alle endlichen Ableitungen eines Zieles zu logisch äquivalenten Antworten führen. Es ist aber nicht garantiert, daß die Antworten syntaktisch identisch sind. Dies garantiert die Konfluenz: Unabhängig davon, in welcher Reihenfolge und mit welchen Regeln die Reduktionen stattfinden, in konfluenten Programmen ist die Antwort zu einem Ziel auch syntaktisch immer dieselbe. Es gibt ein entscheidbares, notwendiges und hinreichendes Kriterium für die Konfluenz terminierender CHR-Programme [FA97], dessen Darstellung aber den Rahmen dieses Lehrbuches sprengen würde.

Theorem 7.2.3. Korrektheit und Vollständigkeit von erfolglosen Ableitungen Sei P ein *konfluentes* CHR-Programm und G ein Ziel, das mindestens eine Antwort hat, die nur vordefinierte Constraints enthält. $P^{\hookleftarrow}, CT \models \neg \exists G$ gilt genau dann, wenn jede endliche Ableitung beginnend mit $\langle G, \top, \textit{true} \rangle$ scheitert.

8 Constraintsysteme

In diesem Kapitel stellen wir alle gängigen Constraintsysteme vor. Für sie existiert eine Vielzahl von Varianten und Algorithmen, von denen wir aus didaktischen Gründen die anschaulicheren Verfahren näher betrachten. Diese Algorithmen stammen meist aus der Forschung im Bereich der Künstlichen Intelligenz. Um die Algorithmen zu spezifieren und gleichzeitig als Constraintlöser zu implementieren, verwenden wir die Constraint Handling Rules (CHR) aus Kapitel 7 mit Prolog als Basissprache. Damit können wir kompakt und deklarativ die wesentlichen Aspekte der Algorithmen beschreiben. Zu jedem Constraintsystem gibt es auch Übungsaufgaben und teilweise Lösungsvorschläge, die im Anhang zu finden sind.

Während das jeweilige Constraintsystem in der abstrakten Syntax definiert wird, verwenden wir zur Darstellung der Algorithmen die konkrete Syntax von Prolog nach dem ISO-Standard: Kopf und Rumpf einer Klausel sind durch „:-" verbunden und Konjunktionen durch Kommata „," dargestellt, Klauseln werden mit einem Punkt „." beendet. Einzeilige Kommentare beginnen mit einem Prozentzeichen. Listen werden durch eckige Klammern begrenzt, ihre Elemente durch Kommata voneinander getrennt, z.B. `[1,2,3,4]`. Die leere Liste ist `[]`, die Notation `[X|L]` bezeichnet die Liste, deren erstes Element `X` ist und deren nachfolgende Elemente die Liste `L` bilden. In der konkreten Syntax für CHR-Regeln wird zusätzlich $\Leftrightarrow$ als `<=>` und $\Rightarrow$ als `==>` geschrieben. Regeln können durch einen vorangestellten Namen identifiziert werden, z.B. `reflexivitaet @ X=X <=> true`.

Nicht nur im Rumpf, sondern auch in den Wächtern von CHR-Regeln erlauben wir Prädikate der Basissprache Prolog, wenn sie deterministisch[1] sind und keine Seiteneffekte haben. Wenn Prolog-Prädikate in Wächtern vorkommen, müssen sie als Test wirken, d.h. sie dürfen keine Variablen aus dem Kopf der Regel binden.

In Prolog haben wir die vordefinierten Constraints `true`, `false` und die rein syntaktische Gleichheit über Termen = (in abstrakter Syntax $\doteq$) zur Verfügung sowie vordefinierte Prädikate für die Arithmetik: `X is A` setzt `X` mit dem Ergebnis des arithmetischen Ausdrucks `A` gleich. Die zweistelligen Prädikate <, =<, >, >= ermöglichen Vergleiche zwischen Zahlen. Die zweistelligen Prädikate @< und @=< ermöglichen Vergleiche zwischen beliebigen Termen, wobei Variablen immer kleiner als alle anderen Terme sind. Das vordefinierte Prolog-Prädikat `var(X)` ist genau dann erfolgreich, wenn `X` eine Variable ist, das Prädikat `nonvar(X)` ist genau dann erfolgreich, wenn `X` keine Variable ist.

8.1
Terme T

Das bereits aus Kapitel 4 über CLP bekannte, grundlegende Constraintsystem E stellt das Constraint $\doteq$ für die rein syntaktische Gleichheit von Termen zur Verfügung.

Zur Erinnerung: Die Signatur von E enthält unendlich viele Funktionssymbole, davon mindestens eine Konstante, das zweistellige Constraintsymbol $\doteq$ und die nullstelligen Constraintsymbole *true* und *false*. Als Constrainttheorie von E wählten wir die Clarksche Gleichheitstheorie CET (siehe auch Definition 3.2.3):

Reflexivität:
$$\forall(\top \rightarrow x \doteq x)$$
Symmetrie:
$$\forall(x \doteq y \rightarrow y \doteq x)$$

---

[1] Sie können formal als vordefinierte Constraints (mit einem recht unvollständigen Constraintlöser) betrachtet werden.

Transitivität:
$$\forall(x \doteq y \wedge y \doteq z \rightarrow x \doteq z)$$
Verträglichkeit:
$$\forall(x_1 \doteq y_1 \wedge \ldots \wedge x_n \doteq y_n \rightarrow f(x_1, \ldots, x_n) \doteq f(y_1, \ldots, y_n))$$
Zerlegung:
$$\forall(f(x_1, \ldots, x_n) \doteq f(y_1, \ldots, y_n) \rightarrow x_1 \doteq y_1 \wedge \ldots \wedge x_n \doteq y_n)$$
Widerspruch:
$$\forall(f(x_1, \ldots, x_n) \doteq g(y_1, \ldots, y_m) \rightarrow \bot) \quad \text{falls } f \neq g \text{ oder } n \neq m$$
Azyklizität:
$$\forall(x \doteq t \rightarrow \bot) \text{ falls } t \text{ keine Variable ist und } x \text{ in } t \text{ vorkommt}$$

Die erlaubten Constraints von E haben die Form

$$C ::= s \doteq t \quad | \quad true \quad | \quad false \quad | \quad C \wedge C,$$

wobei s und t beliebige Terme über der Signatur von E sind.

Ein Constraintlöser für E kann mit (quasi-)linearer Zeitkomplexität in der Größe der beteiligten Terme implementiert werden. In der Praxis wird in der Regel ein einfacherer, aber quadratischer Algorithmus vorgezogen, weil seine durchschnittliche Laufzeit besser ist. Die meisten Prolog-Implementierungen verzichten bei der Implementierung des Gleichheitsconstraints von E (d.h. bei der Unifikation) auf einen Test auf Azyklizität (engl. occur-check). Dadurch wird die Implementierung einfacher. Man gewinnt an Effizienz auf Kosten der Korrektheit.

T bezeichne die um den Satz *Azyklizität* reduzierte Theorie *CET*. Als Gleichheitssymbol verwenden wir nun $=_T$. Eine Konjunktion von erlaubten Constraints von T heißt *gelöst (oder in Normalform)*, wenn sie entweder *false* ist oder die Form $X_1 =_T t_1 \wedge \ldots \wedge X_n =_T t_n$ hat, wobei $n \geq 0$, die Variablen $X_1, \ldots, X_n$ paarweise verschieden sind und jede Variable X_i ungleich t_j ist, wenn $i \leq j$. Das heißt, eine Variable, die links in einem Gleichheitsconstraint vorkommt, darf nicht mehr rechts in einem nachfolgenden Gleichheitsconstraint vorkommen. Im Gegensatz zu der Normalform von *CET* ist es nicht mehr möglich, das Vorkommen der Variablen $X_1, \ldots, X_n$ in jenen Termen $t_1, \ldots, t_n$ zu verbieten, die keine Variablen sind.

Die Constrainttheorie T wird nun durch CHR-Regeln spezifiziert und implementiert, die eine Konjunktion von erlaubten Constraints in die Normalform überführen, d.h. lösen.

```
reflexivitaet @ XT=_T XT <=> true.
orientierung  @ XT=_T X  <=> X @< XT |
                X=_T XT.
zerlegung     @ T1=_T T2 <=> nonvar(T1),nonvar(T2) |
                gleicher_funktor(T1,T2),
                T1=..[F|L1], T2=..[F|L2],
                gleiche_argumente(L1,L2).
konfrontation @ X=_T T1, X=_T T2 <=> T1 @=< T2 |
                X=_T T1, T1=_T T2.


    gleiche_argumente([],[]) <=> true.
    gleiche_argumente([X|L1],[Y|L2]) <=>
            X=_T Y,
            gleiche_argumente(L1,L2).
```

Die CHR-Regeln basieren auf den Sätzen der Constrainttheorie T und sind so gewählt, daß sie Gleichheitsconstraints zur Normalform vereinfachen können. Im wesentlichen wurde versucht, die Implikationen in der Theorie zu logischen Äquivalenzen zu verstärken, damit sich daraus Simplifikationsregeln gewinnen lassen.

Die Regel **reflexivitaet** ergibt sich direkt aus dem Satz gleichen Namens. Der Satz *Symmetrie* läßt sich in beide Richtungen anwenden und daher zu einer Äquivalenz verstärken. Die zugehörige Regel **orientierung** hat zusätzlich einen Wächter, der verhindert, daß die beiden Argumente eines Gleichheitsconstraints beliebig oft vertauscht werden können, und der sicherstellt, daß der kleinere Term (inbesondere eine Variable) immer links steht.

Die Sätze *Verträglichkeit, Zerlegung* und *Widerspruch* wurden in der Regel **zerlegung** zusammengefaßt: **gleicher_funktor/2** ist genau dann erfolgreich, wenn die Terme **T1** und **T2** das gleiche Funktionssymbol mit gleicher Stelligkeit haben. Das vordefinierte Hilfsprädikat **=..** zerlegt einen Term **f(t1,...,tn)** in

eine Liste mit seinem Funktionssymbol und seinen Argumenten
`[f,t1,...,tn]`. Mittels **gleiche_argumente/2**, das durch die
letzten beiden Regeln definiert ist, werden die einander entsprechenden Argumente zweier Terme **T1** und **T2** gleichgesetzt.

Die logische Leseweise der Regel **konfrontation** ist eine logische Folgerung aus den Sätze *Reflexivität* und *Transitivität*.
Wenn ein Constraintspeicher die Constraints $X =_T T1$ und $X =_T T2$
enthält, dann kann das zweite Constraint entfernt werden, dafür
wird das Constraint $T1 =_T T2$ hinzugefügt (**T1** und **T2** werden miteinander „konfrontiert"). Der Wächter der Regel stellt Terminierung sicher, indem das Constraint mit dem größeren Term (**T2**)
entfernt wird.

Man beachte, daß bei der Implementierung nicht auf das vordefinierte Constraint = zurückgegriffen wird (es werden keine Variablen aus Gleichungen gebunden). Der so implementierte Constraintlöser ist vollständig, weil er die Gleichungen in Normalform
überführt, und er terminiert, weil die neu hinzukommenden Gleichungen immer nur Unterterme der in den usprünglichen Gleichungen vorkommenden Terme enthalten können. Da es nur endlich viele Unterterme gibt, gibt es auch nur endlich viele mögliche
Gleichungen zwischen ihnen.

Beispiel 8.1.1. Dieses Beispiel zeigt, wie Gleichheitsconstraints
zur Normalform vereinfacht werden, wobei wir die Behandlung
des Constraints **gleiche_argumente/2** der Kürze halber übergehen:

$$h(Y,f(a),g(X,a)) =_T h(f(U),Y,g(h(Y),U))$$

$\longmapsto^*_{zerlegung\ h}$ $\quad$ $Y =_T f(U),\ f(a) =_T Y\ ,\ g(X,a) =_T g(h(Y),U)$

$\longmapsto_{orientierung\ Y}$ $\quad$ $Y =_T f(U),\ Y =_T f(a)\ ,\ g(X,a) =_T g(h(Y),U)$

$\longmapsto^*_{zerlegung\ g/2}$ $\quad$ $Y =_T f(U),\ Y =_T f(a)\ ,\ X =_T h(Y),\ a =_T U$

$\longmapsto_{orientierung\ U}$ $\quad$ $Y =_T f(U),\ Y =_T f(a)\ ,\ X =_T h(Y),\ U =_T a$

$\longmapsto_{konfrontation\ Y}$ $\quad$ $Y =_T f(U),\ f(U) =_T f(a)\ ,\ X =_T h(Y),\ U =_T a$

$\longmapsto^*_{zerlegung\ f/1}$ $\quad$ $Y =_T f(U),\ U =_T a\ ,\ X =_T h(Y),\ U =_T a$

$\longmapsto_{konfrontation\ U}$ $\quad$ $Y =_T f(U),\ U =_T a\ ,\ X =_T h(Y),\ a =_T a$

$\longmapsto_{reflexivitaet\ a/0}$ $\quad$ $Y =_T f(U),\ U =_T a\ ,\ X =_T h(Y)$

Die Variable **X** ist somit gleich dem Term **h(f(a))**. ◊

Anwendung: Typüberprüfung

Colmerauer hat mit der LP-Sprache Prolog II schon 1982 erkannt, daß in der Constrainttheorie T unendliche, zyklische Terme[2] (engl. rational trees) möglich sind. Zum Beispiel definiert das Gleichheitsconstraint $X =_T$ `f(X)` einen zyklischen Term. Mit zyklischen Termen lassen sich elegant Grammatiken für Parser und Zustandsübergänge für Automaten realisieren. Eine Anwendung zyklischer Terme zur Darstellung und Überprüfung von Datentypen zeigt das folgende Beispiel:

Beispiel 8.1.2. Wir definieren den Typ des binären Baumes in BNF-artiger Syntax durch einen zyklischen Term, der durch folgendes Constraint definiert wird, wobei **v** hier als uninterpretiertes zweistelliges Funktionssymbol zu verstehen ist:

Baum$=_T$nil v b(Baum,Knoten,Baum)

Wir lesen das Constraint als „Ein Baum ist entweder die Konstante **nil** oder das dreistellige Funktionssymbol **b.** angewendet auf den rechten (Unter-)Baum, einen Term vom Typ **Knoten** und den linken (Unter-)Baum".

Wenn wir einen endlichen Term daraufhin überprüfen wollen, ob es sich um einen binären Baum handelt, genügt es, den aus obigem Constraint entstandenen Typterm **Baum** entlangzugehen. Dies bewerkstelligt das Prädikat **pruefe(Term,Typ)**:

```
pruefe(Term,Typ):- Typ=T(Typ1 v Typ2),
          pruefe(Term,Typ1).
pruefe(Term,Typ):- Typ=T(Typ1 v Typ2),
          pruefe(Term,Typ2).
pruefe(Term,Typ):-
          nonvar(T1),nonvar(T2),
          gleicher_funktor(Term,Typ),
          Term=..[F|Arg],Typ=..[F|Typen],
          pruefe_argumente(Arg,Typen).
```

---

[2] Nicht jeder unendliche Term ist auch zyklisch. Zyklische Terme sind unendliche Terme mit einer endlichen Menge von Untertermen.

```
pruefe_argumente([],[]).
pruefe_argumente([A|Arg],[Typ|Typen]):-
        pruefe(A,Typ),
        pruefe_argumente(Arg,Typen).
```

Die ersten beiden Klauseln interpretieren das Funktionsymbol v als Alternative zwischen zwei Typdefinitionen **Typ1** und **Typ2**.

Das Ziel **ZBaum**$=_T$**(nil v b(ZBaum,ZKnoten,ZBaum))**, **ZKnoten** $=_T$**(0 v 1 v ... v 9)** definiert einen binären Baum über Ziffern. Um zu überprüfen, ob **b(nil,3,b(nil,0,nil))** ein wohlgeformter Baum dieses Typs ist, wird das Atom **pruefe(b(nil,3,b(nil,0,nil)),ZBaum)** zu den Constraints hinzugefügt.

Das Atom **pruefe(b(nil,3,b(nil,0,nil)),ZBaum)** entfaltet mit seiner ersten Klausel zu **Zbaum** $=_T$**(Typ1 v Typ2)**, **pruefe(b(nil,3,b(nil,0,nil)), Typ1)**. Das Constraint **ZBaum**$=_T$**(nil v b(ZBaum,ZKnoten,ZBaum))** wird nun mit dem Constraint **Zbaum**$=_T$**(Typ1 v Typ2)** durch **konfrontation** und **zerlegung** zu **nil**$=_T$**Typ1,b(ZBaum,ZKnoten,ZBaum)**$=_T$**Typ2** vereinfacht. **pruefe(b(nil,3,b(nil,0,nil)),Typ1)** scheitert so letztendlich, da **Typ1** gleich **nil** ist und **nil** nicht gleich **b(nil,3,b(nil,0,nil))** ist. Rücksetzen führt zur Auswahl der zweiten Klausel für **pruefe**. Die Constraintvereinfachung ist die gleiche, das neue Ziel für **pruefe** ist aber **pruefe(b(nil,3,b(nil,0,nil)),b(ZBaum,ZKnoten,ZBaum))**. Dieses Ziel kann durch die dritte Klausel von **pruefe** entfaltet werden. Die neuen Ziele sind **pruefe(nil,ZBaum)**, **pruefe(0,ZKnoten)**, **pruefe(nil,ZBaum)** zusammen mit den entsprechenden Gleichheitsconstraints für die Variablen. Mit diesem Ziel ist eine erfolgreiche Ableitung möglich. ◊

8.2
Boolesche Algebra B

Boolesche Constraints leiten sich aus der Booleschen Algebra (auch: Schaltalgebra) ab. Die Constraints des Constraintsystems

B sind logische Formeln über Variablen, die nur die Werte 1 oder 0 annehmen können, z.B. $(X \sqcup Y =_B 1)$. Diese Booleschen Variablen werden in der Literatur auch als binäre (Schalt-)Variablen bezeichnet.

Die Signatur von B enthält die (Booleschen) Konstanten 1 und 0 (sie stehen logisch für die Wahrheitswerte *wahr* und *falsch* bzw. für die Spannungstufen *H(igh)* und *L(ow)* digitaler Schaltungen), logische Operatoren als Funktionssymbole, z.B. die einstellige Negation $-$ und die zweistelligen Verknüpfungen $\sqcap$ (und), $\sqcup$ (oder) und $\oplus$ (exklusives Oder), sowie die Constraintsymbole $=_B$, *true* und *false*.

Die Constrainttheorie von B beschreibt die Boolesche Algebra. Das Constraint $s =_B t$ ist erfüllt, wenn die Booleschen Terme s und t den gleichen Wahrheitswert haben. Die Theorie der Verknüpfungen kann durch eine Wertetabelle (auch: Wahrheitstafel) für die Operatoren $-, \sqcap, \sqcup, \oplus$ beschrieben werden:

X	Y	$-X$	$X \sqcap Y$	$X \sqcup Y$	$X \oplus Y$
0	0	1	0	0	0
0	1	1	0	1	1
1	0	0	0	1	1
1	1	0	1	1	0

Die erlaubten Constraints von B haben die Form

$$C ::= \textit{true} \mid \textit{false} \mid X =_B Y \mid -X =_B Y \mid$$
$$X \sqcap Y =_B Z \mid X \sqcup Y =_B Z \mid X \oplus Y =_B Z \mid$$
$$C \wedge C,$$

wobei X, Y und Z Variablen oder Boolesche Konstanten sind.

Wir haben die erlaubten Constraints für das Constraintsymbol $=_B$ eingeschränkt, um die Implementierung einfach zu halten. Es kann aber jedes Gleichheitsconstraint über beliebigen Booleschen Termen in eine Konjunktion von erlaubten Gleichheitsconstraints transformiert werden, indem man Unterterme durch neue Variablen ersetzt und ein entsprechendes Gleichheitsconstraint hinzufügt. Zum Beispiel entspricht das Constraint

$A \sqcup (B \sqcap C) =_B B \oplus 0$ den erlaubten Constraints $(A \sqcup BC =_B B0) \wedge (B \sqcap C =_B BC) \wedge (B \oplus 0 =_B B0)$.

Das Lösen Boolescher Constraints ist NP-vollständig, d.h. im schlimmsten Fall ist mit exponentieller Komplexität zu rechnen.

In der Implementierung mit CHR verwenden wir für erlaubte Constraints eine relationale Schreibweise, z.B. wird $X \sqcap Y =_B Z$ durch `und(X,Y,Z)` dargestellt:

```
und(X,Y,Z) <=> X=0 | Z=0.
und(X,Y,Z) <=> Y=0 | Z=0.
und(X,Y,Z) <=> X=1 | Y=Z.
und(X,Y,Z) <=> Y=1 | X=Z.
und(X,Y,Z) <=> Z=1 | X=1,Y=1.
und(X,Y,Z) <=> X=Y | Y=Z.
```

Die erste Regel besagt, daß das Ziel `und(X,Y,Z)` zu `Z=0` vereinfacht werden kann, wenn bekannt ist, daß `X` den Wert `0` hat. Ein Ziel `und(X,Y,Z)`, `X=0` führt daher zur Antwort `X=0`, `Z=0`. Analog sind die anderen Simplifikationsregeln zu lesen.

Da alle Regeln einköpfig sind, kann die Simplifikation einer Konjunktion von Booleschen Constraints nur mit Hilfe der erzeugten Gleichheitsconstraints erfolgen. Das reicht aber nicht aus, um einen vollständigen Constraintlöser zu erhalten. Zum Beispiel kann auf das Ziel `und(X,Y,0)`, `und(X,Z,V)`, `und(Y,V,W)` keine Regel angewendet werden, obwohl die Variable `W` determiniert ist, es muß `W=0` sein. (Wenn `W=1` wäre, müßten alle Variablen den Wert `1` annehmen.)

Wir kombinieren daher das Verfahren mit Suche. Dabei wollen wir den Suchanteil minimal halten, Constraintbehandlung und Suche wechseln einander ab. In einem Suchschritt will man eine möglichst kleine Wahl treffen. Für Boolesche Constraints bietet sich an, eine einzige Variable mit den Werten 1 oder 0 zu belegen. Wir sprechen von einem *Enumerationsverfahren* (engl. labeling), das die Variablen der Reihe nach an ihre möglichen Werte bindet. Durch das Binden einer Variablen wird neue Information erzeugt, die man zur weiteren Vereinfachung der Constraints verwenden kann.

Ein einfaches Prädikat zur Enumeration für Boolesche Variablen läßt sich wie folgt definieren:

```
enum([]).
enum([X|L]):- bool(X), enum(L).


    bool(0).
    bool(1).
```

In und(X,Y,0),und(X,Z,V),und(Y,V,W),enum([X,Y,Z,V,W]) entfaltet nun **enum** zu bool(X), enum([Y,Z,V,W]). Das Enfalten von bool(X) mit dem Faktum bool(0) führt zu X=0. Die Booleschen Constraints können nun vereinfacht werden zu X=0, V=0, W=0. Wenn die Variable X durch wiederholtes Rücksetzen an 1 gebunden wird, führt dies zu den Constraints X=1, Y=0, Z=V, W=0. In beiden Fällen können durch **enum** die noch ungebundenen Variablen an 0 oder 1 gebunden werden.

Es gibt insgesamt recht unterschiedliche Verfahren, um Boolesche Constraints zu lösen, die sich in ihren Anwendungsgebieten und in der Art der Ergebnisse unterscheiden, die sie produzieren:

- Lokale Konsistenzverfahren
  Darunter fällt der eben vorgestellte Ansatz. Die Booleschen Constraints werden lokal vereinfacht und konsistent gehalten. Um globale Konsistenz zu sichern, müssen die Verfahren mit Suche durch Enumeration kombiniert werden.
- Automatisches Beweisen
  Oft werden Varianten der Resolution auf Boolesche Constraints in Klauselnormalform angewendet (z.B. in der CLP-Sprache Prolog III). Dieser Ansatz hat Probleme, alle Lösungen explizit zu generieren.
- Ganzzahlige Programmierung mit 0/1-Variablen
  Dies ist ein Spezialgebiet der mathematischen Programmierung (engl. operations research). Oft kommen Varianten der linearen Programmierung zum Einsatz, vor allem in spezialisierten Werkzeugen. Sie bieten die Möglichkeit zur Optimierung, sind aber selten inkrementell, d.h. für den Einsatz in CLP-Sprachen nicht direkt geeignet.

– Gleichungslösen
 Durch sogenannte Boolesche Unifikation wird eine allgemeinste Lösung berechnet (z.B. in der CLP-Sprache CHIP). Oft ist diese Lösung exponentiell groß und enthält viele neue Hilfsvariablen. Einzellösungen können durch nachfolgende Enumeration berechnet werden.
– Endliche Bereiche
 Dabei übersetzt man Boolesche Constraints in Constraints über endlichen Bereichen (siehe Abschnitt 8.3), die nur die Werte 0 oder 1 enthalten können. Dieser Ansatz ist oft gleichwertig mit lokalen Konsistenzverfahren, wenn man einzelne Lösungen berechnen will.

Anwendung: Digitale Schaltungen

Die Anwendungen des Constraintsystems B sind relativ speziell, vor allem die Generierung und Spezialisierung sowie die Simulation und das Verifizieren[3] von digitalen Schaltungen.

Im Beispiel soll ein Halbaddierer verifiziert werden. Dies ist eine digitale Schaltung, die zwei einstellige Binärzahlen (Bits) addiert. Der Halbaddierer **add/4** ist in Abb. 8.1 durch die Wertetabelle spezifiziert und durch die Schaltung implementiert. Das Bit **S** ist die Einerstelle der Summe von **A** und **B** und das Bit **U** der Überlauf (engl. carry bit).

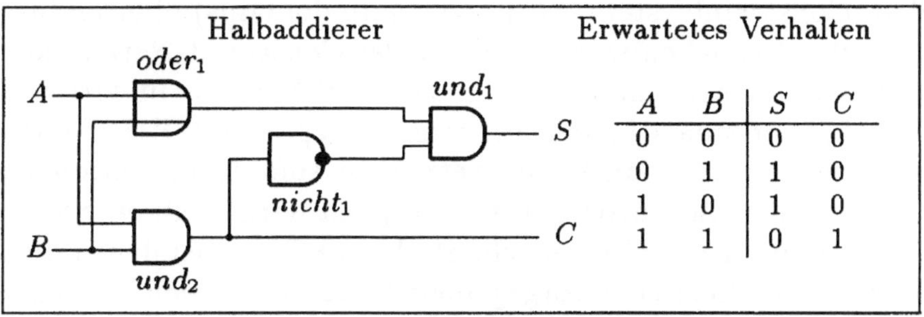

A	B	S	C
0	0	0	0
0	1	1	0
1	0	1	0
1	1	0	1

Abb. 8.1. Halbaddierer

---

[3] Unter Verifizieren versteht man das Prüfen auf Erfüllung vorgegebener Anforderungen.

Zum Verifizieren der Schaltung repräsentiert man jedes Gatter der Schaltung als Boolesches Constraint:

```
add(A,B,S,U) <=>
    oder(A,B,AB), und(A,B,U),
    nicht(U,NU), und(AB,NU,S).
```

Man betrachtet alle möglichen Kombinationen von Eingabewerten und kontrolliert das Ergebnis anhand der Spezifikation durch die Wertetabelle. Das Ziel `add(1,0,S,U)` führt z.B. erwartungsgemäß zu `S=1`, `U=0`. Bei größeren Schaltungen versucht man sich auf möglichst wenige Tests zu beschränken, die dennoch viele Fehler abdecken. (Das Durchprobieren aller Eingabewerte ist wegen des exponentiellen Anwachsens der Wertekombinationen mit der Zahl der Eingabevariablen nicht möglich.)

Was können wir über die Variablen aussagen, wenn der Überlauf 1 ist? Das entsprechende Ziel `add(A,B,S,U)`, `U=1` führt zu `A=1`, `B=1`, `S=0`, `U=1`. Weil `U` den Wert 1 hat, muß die Ausgabe `NU` des Nicht-Gatters 0 sein. Weil `U` auch die Ausgabe von einem Und-Gatter ist, müssen die Eingaben `A` und `B` den Wert 1 haben. Damit läßt sich `AB` berechnen und somit `S`. Das Ziel `add(A,B,S,U)`, `U=0` führt zu `oder(A,B,S)`, `und(A,B,U)`, `U=0`.

8.3
Endliche Bereiche *FD*

Mit dem Constraintsystem *FD* (engl. finite domains) über endlichen (Werte-)Bereichen wurde die Idee der Constraint-Netzwerke aus der Künstlichen Intelligenz in eine LP-Sprache integriert. Dies geschah erstmals in der Programmiersprache CHIP Ende der achtziger Jahre. Constraint-Netzwerke sind Konjunktionen von Constraints, die bevorzugt als Graphen dargestellt werden. Mit *FD* kann man kombinatorische Probleme lösen, bei denen die Variablen nur endlich viele vorgegebene Werte annehmen können.

Um nicht jede mögliche Signatur gesondert zu behandeln, betrachten wir hier ohne Beschränkung der Allgemeinheit nur ganze Zahlen. Dies hat zudem den Vorteil, daß uns auch arithmetische

Operationen zur Verfügung stehen. Die Signatur von *FD* beinhaltet die Funktionssymbole für ganze Zahlen, Listen sowie zumindest die zweistelligen Operatoren + und „..“ und die zweistelligen Constraintsymbole $=_{FD}, \leq_{FD}, <_{FD}, >_{FD}, \geq_{FD}, \neq_{FD}$ sowie „::“.

Der Einfachheit halber sind die erlaubten Constraints von *FD* wieder ohne Beschränkung der Allgemeinheit von der Form:

$$C ::= \textit{true} \quad | \quad \textit{false} \quad | \quad X :: n..m \quad | \quad X :: [k_1, ..., k_l] \quad |$$
$$X \odot Y \quad | \quad X + Y =_{FD} Z \quad | \quad C \wedge C,$$

wobei n, m, $k_1, ..., k_l$ $(0 \leq l)$ ganze Zahlen aus D sind, $\odot$ eines der Constraintsymbole $=_{FD}, <_{FD}, \leq_{FD}, >_{FD}, \geq_{FD}, \neq_{FD}$ ist und X, Y und Z Variablen oder ganze Zahlen sind. Mit den erlaubten Constraints läßt sich jede lineare Gleichung bzw. Ungleichung darstellen.[4] Zum Beispiel ist das Constraint $3X + Y \geq_{FD} Z$ äquivalent zur Konjunktion der erlaubten Constraints $Z1 \geq_{FD} Z \wedge Z1 =_{FD} X3 + Y \wedge X3 =_{FD} X + X2 \wedge X2 =_{FD} X + X$.

Das erlaubte Constraint $\mathbf{X}::D_X$ ordnet einer Variablen X einen endlichen Wertebereich D_X zu. Der Wertebereich D_X kann auf zwei unterschiedliche Arten repräsentiert werden, entweder als *Aufzählungsbereich* $[k_1, ..., k_l]$ oder als *Intervallbereich* $n..m$. Die Constrainttheorie von *FD* enthält neben der Definition der arithmetischen Funktionen und Relationen über ganzen Zahlen die beiden folgenden Sätze, die die Bedeutung der Wertebereiche beschreiben:

(Aufzählung) $X :: [k_1, ..., k_l] \leftrightarrow X = k_1 \vee ... \vee X = k_l$
(Intervall) $X :: n..m \quad \leftrightarrow n \leq X \wedge X \leq m$

Es läßt sich nach dieser logischen Beschreibung zwar jeder Intervallbereich als Aufzählungsbereich ausdrücken, allerdings werden wir sehen, daß Intervallbereiche operational anders behandelt werden.

Eine grundlegende Technik zur Vereinfachung von Constraints über endlichen Wertebereichen sind die Konsistenzverfahren

---

[4] Allgemein läßt sich jeder arithmetische Ausdruck als Konjunktion von Constraints mit höchstens drei Variablen darstellen.

(engl. consistency techniques), die *lokale Konsistenz* sicherstellen. Diese Verfahren wurden in der Künstlichen Intelligenz seit den siebziger Jahren für Constraint-Netzwerke entwickelt.

Für *FD* führen wir das Konsistenzverfahren der *Kantenkonsistenz* (auch: 2-Konsistenz, engl. arc consistency) ein.

Definition 8.3.1. Das Constraint $X_1 :: D_1 \wedge \ldots \wedge X_n :: D_n$ heißt *kantenkonsistent* bezüglich eines Constraints $c(X_1, \ldots, X_n)$, wenn es für alle $i \in \{1, \ldots, n\}$ und für alle möglichen Wertebelegungen von X_i aus D_i Wertebelegungen für die Variablen X_j $(i \neq j)$ aus den jeweiligen Wertebereichen D_j gibt, so daß das Constraint $c(X_1, \ldots, X_n)$ erfüllt ist. ◁

Das heißt, jeder Wert aus jedem Wertebereich ist an mindestens einer Lösung von c beteiligt. Dabei betrachtet man mehrfache Vorkommen derselben Variablen als voneinander unabhängig. Das inkonsistente Constraint $X \neq_{FD} X$ z.B. ist für jeden Wertebereich von X kantenkonsistent, der mehr als einen Wert enthält. Kantenkonsistenz allein garantiert also nicht immer globale Konsistenz, aber polynomiale Laufzeit.

Ein Verfahren, das Kantenkonsistenz herstellt, läßt sich ausgehend von der folgenden logischen Formel finden:

$$X_1 :: D_1 \wedge \ldots \wedge X_i :: D_i \wedge \ldots \wedge X_n :: D_n \wedge c(X_1, \ldots, X_n) \to X_i :: D_i'$$

wobei D_i' sich nach Möglichkeit von D_i unterscheidet, so daß aus dem Durchschnitt dieser beiden Wertebereiche für X_i ein neuer, kleinerer Wertebereich gewonnen werden kann. Prozedural betrachtet entfernt man für jede Variable alle Werte aus ihrem Wertebereich, für die man keinen „Partner" in den Wertebereichen der restlichen Variablen des betrachteten Constraints c finden kann, so daß c erfüllbar ist.

Beispiel 8.3.1. Ein einfaches Beispiel für das Vereinfachen eines Constraint-Netzwerks durch Kantenkonsistenz ist das Einfärben von Ländern auf einer Landkarte mit wenigen Farben (Abb. 8.2), wobei benachbarte Länder verschiedenfarbig sein müssen. Der zugehörige *endliche Wertebereich* ist die Menge der Farben Rot, Grün und Blau.

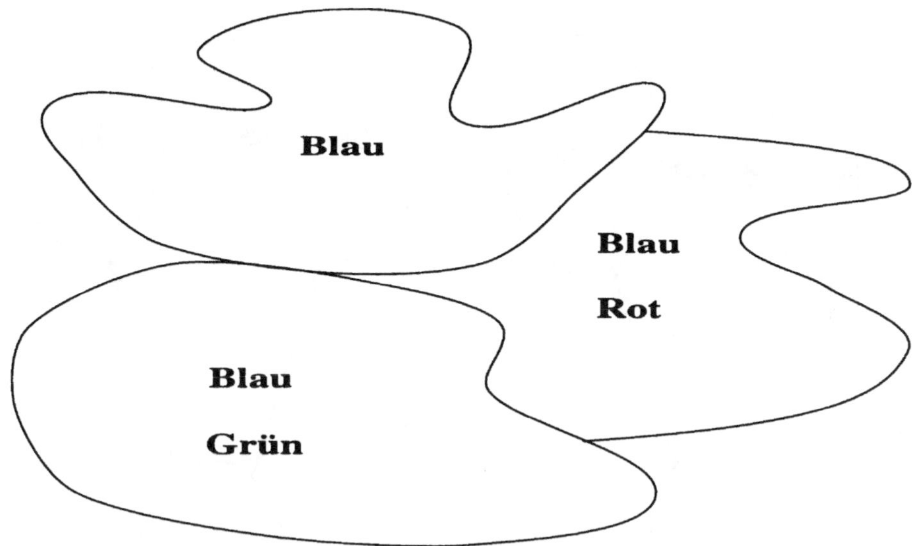

Abb. 8.2. Das Färbeproblem dreier Länder

Wenn die Möglichkeiten aus Abb. 8.2 gegeben sind, muß eine Suche folgende Farbkombinationen berücksichtigen: Blau Blau Blau, Blau Blau Grün, Blau Rot Blau, Blau Rot Grün. Die ersten drei Kombinationen verletzen die Bedingung der Verschiedenfarbigkeit, so daß nur die letzte eine Lösung ist.

Die Idee zur Vereinfachung des Constraint-Netzwerkes ist: Wenn für ein Land nur eine Farbe zur Wahl steht, wird diese Farbe aus der Liste der Möglichkeiten jedes benachbarten Landes gestrichen. Wenn man z.B. von drei benachbarten Ländern weiß, daß eines davon blau eingefärbt ist und die beiden anderen rot oder blau bzw. grün oder blau eingefärbt werden können, ergibt sich durch Herausfiltern der inkompatiblen Teillösungen (Blau Blau) sofort, daß man für die beiden letzteren Länder die Farben Rot bzw. Grün nehmen muß, will man das Constraint der Verschiedenfarbigkeit nicht verletzen (Abb. 8.3). Das heißt, ein blau gefärbtes Land propagiert an die Nachbarländer die Information (Constraints), daß sie nicht blau gefärbt sein dürfen. ◊

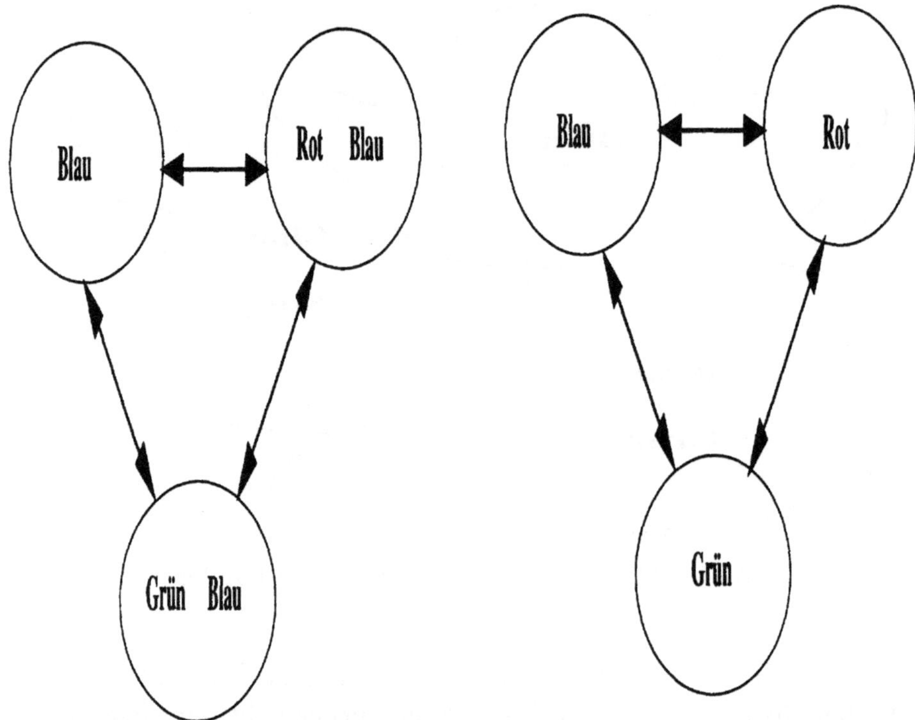

Abb. 8.3. Vereinfachen eines Constraint-Netzwerkes

Filtert man derart inkompatible Teillösungen heraus, erspart man sich, alle möglichen (d.h. exponentiell viele) Farbkombinationen nach einer Lösung zu durchsuchen. Die Komplexität des Kantenkonsistenzverfahrens für die erlaubten Constraints von *FD* ist kubisch in der Anzahl der Variablen und auch kubisch in der Größe der Wertebereiche.

Um *globale Konsistenz* zu sichern, müssen die Konsistenzverfahren mit Suchverfahren kombiniert werden. Das durch Konsistenzverfahren vereinfachte Netzwerk läßt sich mit Hilfe eines Enumerationsverfahrens leichter nach einer globalen Lösung durchsuchen.

Für die Intervallbereiche paßt man die Definition der Kantenkonsistenz so an, daß nur die Intervallgrenzen betrachtet werden. Intervallbereiche haben so Vorteile bei der Effizienz der Verarbeitung, allerdings können damit nur Bereiche „ohne Löcher" dar-

gestellt werden. (Sind alle Variablen durch Intervallbereiche eingeschränkt, so können solche Löcher nur durch die Ungleichheit
$\neq_{FD}$ entstehen.)

Wir implementieren zuerst Intervallbereiche, wobei wir auf die
vordefinierten Prädikate `<`, `=<` und `is` zurückgreifen. Die ersten
beiden CHR-Regeln sind eine Konsequenz aus dem Axiomensche-
ma *Intervall*.

```
nicht_leer @ X::N..M ==> N =< M.
```

```
durchschnitt @ X::N1..M1, X::N2..M2 <=>
   N3 is max(N1,N2), M3 is min(M1,M2), X::N3..M3.
```

Die Regel `nicht_leer` stellt sicher, daß ein Intervall nicht leer
ist. Die Regel `durchschnitt` ersetzt zwei Intervallbereiche für
dieselbe Variable durch einen einzigen Intervallbereich.

Die logische Formulierung des Kantenkonsistenzverfahrens
dient uns als Ausgangspunkt für seine Implementierung mit CHR.
Die Regeln für $\leq_{FD}$ zeigen, wie Ungleichheitsconstraints über
Variablen mit endlichen Wertebereichen implementiert werden
können:

```
kleinerx @ X≤FDY, X::NX..MX, Y::NY..MY ==> MX > MY |
   X::NX:MY.
kleinery @ X≤FDY, X::NX..MX, Y::NY..MY ==> NX > NY |
   Y::NX:MY.
```

Die beiden Regeln stellen sicher, daß die Intervallgrenzen der
Variable X immer kleiner gleich den entsprechenden Intervallgrenzen der Variable Y sind, falls das Constraint $X\leq_{FD}Y$ vorhanden
ist. Die Wächter sind für die Terminierung notwendig, die Regeln
sind nur anwendbar, wenn sich das Intervall tatsächlich verklei-
nert.

Die Anwendung der bisherigen Regeln illustriert dieses Beispiel:

$$A::2..3, \; B::1..2, \; A\leq_{FD}B$$
$$\mapsto_{kleinerx} A::2..3, \; B::1..2, \; A\leq_{FD}B, \; A::2..2$$

$\longmapsto_{schnitt}$ `B::1..2, A`$\leq_{FD}$`B, A::2..2`
$\longmapsto_{kleinery}$ `B::1..2, A`$\leq_{FD}$`B, A::2..2, B::2..2`
$\longmapsto_{schnitt}$ `A`$\leq_{FD}$`B, A::2..2, B::2..2`

Um den Wert einer eindeutig bestimmten (determinierten) Variablen wie `A::2..2` explizit zu machen, können wir die Variable an ihren Wert binden, indem wir auf das Gleichheitsconstraint = zurückgreifen:

`binden @ X::N..N <=> X = N.`

Dann sind allerdings weitere Regeln für gebundene Variablen notwendig, die sich aus den Regeln für ungebundene Variablen spezialisiert auf den Wertebereich `N..N` ergeben.

Die Ungleichheit $\neq_{FD}$ kann nur propagieren, wenn ein Argument bekannt ist und identisch zu einer Intervallgrenze des Wertebereiches des anderen Argumentes ist, z.B.:

`ungleichx @ X`$\neq_{FD}$`Y, X::NX..MX ==> Y=NX |`
`    NX1 is NX+1, X::NX1:MX.`

Die Addition von FD-Variablen kann durch folgende Regeln beschrieben werden:

`z @ X+Y=`$_{FD}$`Z, X::NX..MX, Y::NY..MY ==>`
`    NZ is NX+NY, MZ is MX+MY, Z::NZ..MZ.`
`y @ X+Y=`$_{FD}$`Z, X::NX..MX, Z::NZ..MZ ==>`
`    NY is NZ-MX, MY is MZ-NX, Y::NY..MY.`
`x @ Y+X=`$_{FD}$`Z, X::NX..MX, Z::NZ..MZ ==>`
`    NY is NZ-MX, MY is MZ-NX, Y::NY..MY.`

Die Regel **z** propagiert einen Intervallbereich für `Z`, der aus der Summe der Intervallgrenzen von `X` und `Y` berechnet wird. Die Anwendung der Regeln illustriert dieses Beispiel:

```
                   A::1..3, B::2..4, C::0..4, A+B=FD C
```
$\longmapsto_z$ `A::1..3, B::2..4, C::0..4, A+B=`$_{FD}$`C,C::3..7`
$\longmapsto_{durchschnitt}$ `A::1..3, B::2..4, A+B=`$_{FD}$`C, C::3..4`
$\longmapsto_{x}\longmapsto_{y}$ `A::1..3, B::2..4, A+B=`$_{FD}$`C, A::-1..2,`
                  `B::0..3, C::3..4`
$\longmapsto^2_{durchschnitt}$ `A+B=`$_{FD}$`C, A::1..2, B::2..3, C::3..4`

Die Abhängigkeit des Konsistenzverfahrens von der Größe des
Wertebereichs zeigt dieses Beispiel: Das Constraint `X::1..1000`,
`X+1=`$_{FD}$`X` kann in einem Schritt nur zu `X::2..1000`, `X+1=`$_{FD}$`X`
vereinfacht werden, es sind also insgesamt 1000 Schritte nötig (so
viele, wie der Bereich groß ist), um die Inkonsistenz zu erkennen.
(Im allgemeinen sind Inkonsistenzen nicht so offensichtlich und
daher nicht effizient erkennbar.)

Analog zu den Intervallbereichen werden die Aufzählungsbe-
reiche behandelt (wir verzichten auf eine detaillierte Erklärung):

```
nicht_leer @ X::[]   <=> false.
binden @ X::[Y] <=> X=Y.


durchschnitt1 @ X::L1, X::L2 <=>
      liste(L1),liste(L2) |
      durchschnitt(L1,L2,L3), X::L3.
durchschnitt2 @ X::N..M, X::L <=> liste(L) |
      filter_min(N,L,L1), filter_max(M,L1,L2),
      X::L2.
```

```
kleinerx @ X≤FDY, X::L1, Y::L2 ==>
      liste(L1),liste(L2),
      list_min(L1,NX), list_max(L2,MY),
      MX > MY |
      X::NX..MY.
kleinery @ X≤FDY, X::L1, Y::L2 ==>
      liste(L1),liste(L2),
      list_min(L1,NX), list_max(L2,MY),
      NX > NY |
      Y::NX..MY.
```

```
z @ X+Y=FDZ, X::L1, Y::L2 ==>
      alle_additionen(L1,L2,L3), Z::L3.
```

Man beachte, daß die beiden Regeln für $\leq_{FD}$ nur Intervallbereiche propagieren. Die Regel **durchschnitt2** ermöglicht den
Durchschnitt eines Aufzählungsbereiches mit einem Intervallbe-

reich derselben Variablen, indem aus dem Aufzählungsbereich alle
Werte entfernt werden, die außerhalb des Intervallbereiches liegen. Das Hilfsprädikat **alle_additionen** berechnet alle Additio-
nen zwischen den Werten aus den Listen **L1** und **L2** und sammelt
sie in der Liste **L3**.

Beispiel 8.3.2. Beim n-Damen-Problem sollen n Damen auf einem $n \times n$ Felder großen Schachbrett so positioniert werden, daß
keine Dame eine andere bedroht. Zwei Damen bedrohen einander, wenn sie auf der gleichen Zeile, Spalte oder Diagonale des
Schachbrettes stehen.

Für das 2- und 3-Damen-Problem gibt es keine Lösung. Die
Anzahl der Lösungen steigt mit n an. Das 4-Damen-Problem z.B.
hat die Lösungen:

Eine Lösung des n-Damen-Problems, die durch das Ziel
loese(N,Loesung) berechnet wird, ist eine Liste **Loesung** mit
N Elementen. Der Wert des i-ten Elements gibt die Zeile an, in
der die Dame der Spalte i steht. Im obigen Beispiel lauten die
Lösungen also **[3,1,4,2]** und **[2,4,1,3]**.

```
loese(N,Loesung):-
      length(Loesung,N),
      wertebereich(Loesung,N),
      damen(Loesung),
      enum(Loesung).


damen([]).
damen([X|Xs]):-
      sicher(X,Xs,1),
      damen(M,Xs).


sicher(X,[],N).
sicher(X,[Y|L],N):-
```

```
    X≠_FD Y,
    X+N≠_FD Y,
    Y+N≠_FD X,
    sicher(X,L,N+1).

enum([]).
enum([X|L]):- indomain(X), enum(L).
```

Das vordefinierte Hilfsprädikat `length(L,N)` ist genau dann erfolgreich, wenn `N` die Länge der Liste `L` ist. Das Hilfsprädikat `wertebereich(Loesung,N)` ordnet jeder der `N` Variablen der Liste `Loesung` den Aufzählungsbereich `[1,2,...,N]` zu. Eine Dame darf keine der noch zu positionierenden Damen bedrohen (`sicher` in Prädikat `damen`). Eine zukünftige Dame `Y` ist vor der aktuellen Dame `X` sicher, wenn sie weder in der gleichen Zeile $X \neq_{FD} Y$ noch auf einer der Diagonalen $X+N \neq_{FD} Y$, $Y+N \neq_{FD} X$ der aktuellen Dame positioniert werden kann. `N` gibt an, wieviel Spalten die beiden Damen voneinander entfernt sind. Damit kann die Zeilenposition des bedrohten Diagonalfeldes der zukünftigen Dame berechnet werden.

Man beachte, daß alle Constraints Ungleichheiten sind. Diese können erst propagieren, wenn zumindest eine der beiden beteiligten Variablen einen Wert hat. Zum Enumerieren wird das häufig in *FD*-Implementierungen verwendete Prädikat `indomain/1` benutzt, das einer Variablen der Reihe nach alle Werte aus ihrem Wertebereich zuordnet. Effizienter ist es meist, wenn Variablen mit kleinem Wertebereich zuerst enumeriert werden (engl. first failure principle). ◊

Anwendung: Zeitplanung

Die wichtigen praktischen Anwendungen von `FD` sind das Lösen von zeitlichen bzw. räumlichen Planungsproblemen. Die Zeitplanung (Ablaufplanung, engl. scheduling) macht den größten Teil des kommerziellen Erfolges der Constraint-Programmierung aus.

Bei der Zeitplanung sind gewisse Aufgaben (engl. tasks, jobs) zu erledigen, die zeitliche und andere Vorbedingungen haben. Oft konkurrieren die Aufgaben auch um die Zuteilung von Betriebsmitteln (engl. resources). Man will einen Zeitplan zu erstellen, bei dem jede Aufgabe erst dann beginnt, wenn ihre Vorbedingungen erfüllt sind, und bei dem die Betriebsmittelvergabe korrekt gelöst ist. Häufig möchte man noch ein Optimalitätskriterium, z.B. Minimalität der Gesamtdauer oder der verbrauchten Betriebsmittel, erfüllen.

Bei der Modellierung beschreibt man Start- und Endzeit und Dauer von Aufgaben: Eine Aufgabe A_i ist durch Startzeit S_i und Dauer d_i definiert. Aus diesen beiden Größen kann man die Endzeit E_i errechnen: $S_i + d_i = E_i$. So kann man leicht die häufigste Vorbedingung beschreiben, die Reihenfolge (engl. precedence) zwischen Aufgaben: $S_i + d_i \leq S_j$ bedeutet, daß S_j erst beginnen kann, wenn S_i abgeschlossen ist.

Die Konkurrenz um ein Betriebsmittel (engl. contention) läßt sich darauf aufbauend leicht formalisieren: $S_i + d_i \leq S_j \vee S_j + d_j \leq S_i$. Die Disjunktion bedeutet also: S_i dauert d_i Zeiteinheiten, S_j dauert d_j Zeiteinheiten, und S_i und S_j können nicht gleichzeitig durchgeführt werden. Diese Disjunktion wird durch das Constraint `ct(Si,di,Sj,dj)` repräsentiert und die Startzeiten durch *FD*-Variablen. Die folgenden Beispiele zeigen die Komplexität der Vereinfachung dieses Constraints `ct` mit impliziter Disjunktion.

Beispiel 8.3.3.   Betrachten wir das Constraint `S1::1..6`, `S2::1..10,ct(S1,7,S2,6)`. Die Disjunktion, die implizit in `ct(S1,7,S2,6)` steckt, legt eine Unterscheidung von zwei Fällen nahe: Entweder ist `S1` vor `S2`, dann folgen verkleinerte Wertebereiche für die Variablen `S1` und `S2`, nämlich `S1::1..3`, `S2::8..10`. Oder `S2` ist vor `S1`, dann ist das Constraint aber inkonsistent. Somit vereinfacht man `S1::1..6`, `S2::1..10`, `ct(S1,7,S2,6)` zu `S1::1..3`, `S2::8..10`.

Betrachten wir das Constraint `S1::0..9,S2::4..9`, `S3::4..10`, `ct(S1,5,S2,5)` `ct(S1,5,S3,5)`, `ct(S2,5,S3,5)`. Der Abstand zwischen den drei Aufgaben beträgt mindestens 5 Zeiteinheiten, der frühestmögliche Zeitpunkt ist 0, der späteste 10. Jede Lösung muß also die drei Aufgaben auf die Zeitpunkte 0, 5 und 10 legen. Aufgrund des Intervallbereiches von `S2` gibt es dafür nur eine Möglichkeit, nämlich S1=0, S2=5, S3=10. Um zu dieser Schlußfolgerung zu gelangen, bedurfte es jedoch einer globalen Betrachtung aller Constraints. Ein Constraintlöser, der auch global arbeitet, d.h. alle notwendigen Constraints auf einmal betrachtet, ist jedoch unter Umständen in der Zeitkomplexität teurer als einer, der immer nur eine beschränkte Anzahl von Constraints bearbeitet (d.h. mit Konsistenzverfahren arbeitet). ◊

8.4
Lineare Gleichungssysteme R

Einen Anstoß zur Entwicklung von Logikprogrammen mit Constraints gab der Wunsch, arithmetische Ausdrücke deklarativ behandeln zu können. Die ersten CLP-Sprachen Ende der achtziger Jahre enthielten Constraintlöser für lineare Gleichungssysteme über den reellen Zahlen (in CLP(R)) bzw. rationalen Zahlen (in CHIP und in Prolog III).

Rationale Zahlen erlauben exaktes Rechnen auf Kosten der Effizienz, weil die Größe der Darstellung der entstehenden rationalen Zahlen exponentiell mit der Größe des Problems anwachsen kann. Auch können irrationale Zahlen wie $\sqrt{2}$ und π nicht durch rationale Zahlen dargestellt werden. Reelle Zahlen hingegen sind effizienter verwendbar, da nur mit begrenzter Genauigkeit dargestellt, was aber zu falschen und fehlenden Lösungen führen kann.

Die Algorithmen zum Lösen von linearen Gleichungssystemen sind unabhängig von der Art der verwendeten Zahlen. In CLP-Sprachen kommen Erweiterungen der Gauß'schen Elimination und des Simplexverfahrens zum Einsatz. Die Komplexität der Gauß'schen Elimination ist quadratisch in der Anzahl der Variablen. Sie ist allerdings nur für Gleichungen geeignet. Das Simplexverfahren hat exponentielle Komplexität, verhält sich aber in der Praxis fast immer polynomial. Das Simplexverfahren setzt voraus, daß alle Variablen nicht negativ sind, und es erlaubt nur Ungleichungen mit $\leq$. Es kann auch als Optimierungsverfahren eingesetzt werden, um jene Lösung zu finden, die das Ergebnis einer vorgegebenen Bewertungsfunktion maximiert. Es gibt auch polynomiale Verfahren zum Lösen linearer Gleichungssysteme, allerdings sind sie sehr schwierig und aufwendig zu implementieren.

Die Signatur enthält entweder die Menge Q der rationalen Zahlen (Brüche) oder die Menge $\Re$ der reellen Zahlen. Die zweistelligen Funktionssymbole sind $+$ und $*$, die Constraintsymbole sind $=_R, <_R, \leq_R, >_R, \geq_R$ und $\neq_R$. Die Constrainttheorie beschreibt die entsprechenden arithmetischen Funktionen und Relationen.

Die erlaubten Constraints von R sind lineare Gleichungen und Ungleichungen:

$$C ::= \mathit{true} \quad | \quad \mathit{false} \quad | \quad a_1 * X_1 + \ldots + a_n * X_n \odot b \quad | \quad C \wedge C,$$

wobei $n > 0$ ist, die *Koeffizienten* a_i Zahlen ungleich 0 sind, die Variablen X_i paarweise voneinander verschieden sind, die *Konstante* b eine Zahl ist und $\odot$ eines der Constraintsymbole $=_R, <_R, \leq_R, >_R, \geq_R, \neq_R$ ist. Der arithmetische Ausdruck $a_1 * X_1 + \ldots + a_n * X_n$ wird als *lineares Polynom* bezeichnet.

Eine Konjunktion von Gleichungen heißt *Gleichungssystem*. Ein Gleichungssystem heißt *gelöst (oder in Normalform)*, wenn die erste Variable jeder Gleichung in keiner anderen Gleichung vorkommt. Ein klassisches Verfahren zur Lösung von Gleichungssystemen ist die Variablenelimination, wie sie z.B. im Gauß'schen Eliminationsverfahren und in der Simplexmethode Anwendung findet. Im wesentlichen behandelt man sukzessive die einzelnen Gleichungen

$$a_1 * X_1 + \ldots + a_n * X_n = b,$$

löst sie nach der ersten Variablen auf

$$X_1 = (b - (a_2 * X_2 \ldots + a_n * X_n))/a_1,$$

ersetzt das Vorkommen der Variablen X_1 in den anderen Gleichungen durch den erhaltenen Ausdruck $(b - (a_2 * X_2 \ldots + a_n * X_n))/a_1$ und vereinfacht die Gleichungen, so daß sie wieder erlaubte Constraints sind. Es ist leicht zu sehen, daß wiederholte Variablenelimination zu einem gelösten Gleichungssystem führt.

Wir implementieren eine Variante dieses Variableneliminationsverfahrens für Gleichungen. Eine Gleichung $a_1 * X_1 + \ldots +$

$a_n * X_n = b$ wird durch ein Constraint `[a1*X1,...,an*Xn]=`$_R$`b` dargestellt. Zwei CHR-Regeln genügen, um einen vollständigen Constraintlöser zu implementieren:

```
eliminiere @ [A1*X|P1]=RB1, P=RB2 <=>
        % Kommt Variable X in P vor?
        kommt_vor_in(X,P) |
        % Entferne A2*X aus P, erhalte so P2
        entferne(A2*X,P,P2),
        % loese lokal nach erster Variablen X auf
        multipliziere_poly_konst(B1-P1,A2/A1,B3-P3),
        % ersetze P3-B3 fuer X in zweiter Gleichung
        addiere_poly_poly(B3-P3,P2-B2,B4-P4),
        % lasse  erste Gleichung unveraendert
        [A1*X|P1]=RB1,
        % neue zweite Gleichung ohne Variable X
        P4=RB4.


leer @ P=RB <=> P=[] | B=0.
```

Die Variablen `P`, `P1`, `P2`, `P3`, `P4` stehen für Polynome, `B`, `B1`, `B2`, `B3`, `B4` für Konstanten und `A1`, `A2` für Koeffizienten. Das Hilfsprädikat `kommt_vor_in(X,P)` ist genau dann erfolgreich, wenn die Variable `X` in der Liste `P` vorkommt. Das Prädikat `entferne(E,L1,L2)` ist genau dann erfolgreich, wenn die Liste `L1` das Element `E` enthält und die Liste `L2` die Liste `L1` ist, aus der das Element `E` entfernt wurde.

In der Regel **eliminiere** gibt es zwei Gleichungen mit Vorkommen von X, $a_1 * X + p_1 = b_1$ und $a_2 * X + p_2 = b_2$. Man macht X in der ersten Variablen explizit und multipliziert es mit a_2 ($a_2 * X = (b_1 - p_1) * (a_2/a_1)$), damit es in die zweite Gleichung eingesetzt werden kann: $(b_1 - p_1) * (a_2/a_1) + (p_2 - b_2) = 0$.

Im Gegensatz zum oben beschriebenen Prinzip eliminiert die Regel **eliminiere** mit Hilfe einer Gleichung das Vorkommen einer Variablen in nur einer anderen Gleichung, wobei die erste Gleichung unverändert bleibt, d.h. es wird nicht explizit nach dieser Variablen aufgelöst. Wiederholte Anwendung von **eliminiere** entfernt wieder jedes Vorkommen einer „führenden" Variablen bis auf eines und führt so zur gewünschten Normalform.

Die Regel **leer** behandelt einen Spezialfall: Wenn die Liste P, die ein Polynom repräsentiert, leer ist (d.h. von der Form []), dann muß die Konstante identisch 0 sein. Eine leere Liste erhält man z.B., wenn die Regel **eliminiere** zwei Gleichungen mit identischen Polynomen vereinfacht.

Beispiel 8.4.1. Gegeben sei das Gleichungssystem $X + Y = 7, X - Y = 3$. Es entspricht dem Constraint `[1*X,1*Y]=`$_R$`7`, `[1*X,-1*Y]=`$_R$`3` und hat die Reduktionen

$$\begin{aligned}
&\quad\quad\ \ \texttt{[1*X,1*Y]=}_R\texttt{7},\ \ \texttt{[1*X,-1*Y]=}_R\texttt{3}\\
&\mapsto_{eliminiere}\ \texttt{[1*X,1*Y]=}_R\texttt{7},\ \ \texttt{[2*Y]=}_R\texttt{4}\\
&\mapsto_{eliminiere}\ \texttt{[1*X]=}_R\texttt{5},\ \ \texttt{[2*Y]=}_R\ \texttt{4}\quad\Diamond
\end{aligned}$$

Um eindeutig bestimmte (determinierte) Variablen an ihren Wert zu binden, fügen wir diese Regeln hinzu:

```
binden @ [A*X]=RB <=> X is B/A.
```

Die Regel **binden** löst eine Gleichung, in der nur noch eine Variable vorkommt, nach dieser Variablen auf und bindet die Variable an den berechneten Wert. Wir müssen konsequenterweise nun auch diesen Fall behandeln:

```
binden @ [A*X]=RB <=> X is B/A.
gebunden @ P=RB <=> entferne(A*X,P,P1), nonvar(X) |
                    B1 is B - X*A,
                    P1=RB1.
```

Die Regel **gebunden** vereinfacht eine Gleichung, deren Polynom eine gebundene Variable enthält, indem die Konstante der Gleichung entsprechend aktualisiert wird.

Wenn man Ungleichungen behandeln will, dann werden sie typischerweise in Gleichungen mit zusätzlichen Variablen transformiert. Diese Variablen modellieren die Differenz zwischen den beiden Seiten einer Ungleichung. Zum Beispiel wird eine Ungleichung $p > b$ zu $p - s = b \wedge s > 0$ transformiert, wobei s die neu eingeführte Variable ist. Man nennt solche Variablen Schlupfvariablen (engl. slack variables). Sie sind so gewählt, daß sie nicht negativ[5] sind. Die verbleibenden einfachen Ungleichungen werden so lange ignoriert, bis ein Wert für die Schlupfvariable bekannt ist.

Man verliert allerdings dabei die Vollständigkeit, denn die Tatsache, daß die Schlupfvariablen nicht negativ sind, geht nicht ausreichend in das Verfahren ein. Man muß Gleichungen, die ausschließlich Schlupfvariablen beinhalten, zusätzlich behandeln, um globale Konsistenz zu sichern: Wenn zum Beispiel die Koeffizienten aller Schlupfvariablen in einer solchen Gleichung das gleiche Vorzeichen haben und die Konstante 0 ist, dann müssen auch alle Schlupfvariablen den Wert 0 haben. Im allgemeinen definiert man entweder eine strengere Normalform für solche Gleichungen (der Ansatz in CHIP), die die Konsistenz garantiert, oder man wendet erweiterte Eliminationsverfahren an, um implizite Gleichheiten zwischen Schlupfvariablen zu entdecken (der Ansatz in CLP(R) und Prolog III).

Anwendung: Finanzwesen

Anwendungen des Constraintsystems R findet man vor allem im Finanzwesen (z.B. Amortisationsberechnung), in der Modellierung und Simulation von physikalischen Vorgängen (z.B. analoge Schaltungen) und in der Zeitplanung.

Bei diesem klassischen CLP(R)-Beispiel geht es um Zinseszinsrechnung. Das Prädikat **darlehen/5** beschreibt die Beziehungen zwischen Darlehenshöhe, Rückzahlungsrate, Zins und Restschuld bei einer Kreditaufnahme. Wir nehmen an, daß die Gleichungen zur Laufzeit in erlaubte Constraints transformiert werden.

```
%     D: Darlehenshoehe
%     T: Dauer der Rueckzahlung in Monaten
%     Z: Zinssatz pro Monat
```

---

[5] Mit Ausnahme jener Variablen, die von Ungleichungen mit $\neq_R$ stammen.

```
%      R: Monatliche Rueckzahlungsrate
%      S: Schuld nach T Monaten

darlehen(D, T, Z, R, S):-
      T=_R0,
      D=_RS.

darlehen(D, T, Z, R, S):-
      T > 0,
      T1=_RT - 1,
      D1=_RD + D*Z - R,
      darlehen(D1, T1, Z, R, S).
```

Die erste Klausel besagt, daß die Darlehenshöhe D und die
Schuld S gleich sind, wenn 0 Monate T Raten zurückgezahlt werden. Die zweite Klausel besagt, daß man nach Zahlung einer Monatsrate mit gleichzeitiger Verzinsung des Darlehens nur noch das
um die Rate verminderte Darlehen D1 zu den gleichen Bedingungen T1 Monate lang zurückzahlen muß.

Das Ziel darlehen(100000,360,0.01,1025,S) liefert die
Antwort S=12625.90 (wir runden auf zwei Nachkommastel-
len). In Worten: Wenn man 30 Jahre lang ein Darlehen von
100000 mit monatlich 1025 zu einem Monatszins von 1% zurück-
zahlt, dann bleibt noch eine Restschuld von 12625.90. Man
kann sich nun fragen, welchen Betrag man in diesem Zeitraum
zu diesen Konditionen vollständig zurückzahlen kann: Das Ziel
darlehen(D,360,0.01,1025,0) liefert D=99648.79, einen nur
geringfügig niedrigeren Betrag. Das Berechnungsbeispiel demon-
striert eindrucksvoll den Zinseszinseffekt.

Umgekehrt können wir uns fragen, wieviel Monate lang
wir die 100000 zurückzahlen müssen. Die Restschuld S
muß dann gleich oder kleiner 0 sein. Das Ziel S=<0,
darlehen(100000,T,0.01,1025,S) liefert T=374 (etwas mehr
als 31 Jahre) und S=-807.96 (d.h. man müßte im letzten Mo-
nat nicht mehr die volle Rate zahlen).

Wie verhalten sich allgemein Darlehenshöhe und Rück-
zahlungsbetrag zueinander, wenn man zu obigen Kondi-

tionen nach 30 Jahren schuldenfrei sein will? Das Ziel `darlehen(D,360,0.01,R,0)` liefert die intensionale Antwort $R =_R$`0.0102861198*D`, d.h. das Darlehen beträgt etwas weniger als das Hundertfache der Monatsrate.

Beliebig weit läßt sich aber die Verallgemeinerung des Zieles nicht treiben: Sollte ein Ziel den Zinssatz `Z` offen lassen, so wird nach mehr als einem Rekursionschritt die Gleichung `D1` $=_R$ `D +  D*Z - R` nicht mehr linear, da das neue `D` dann ebenfalls nicht mehr determiniert ist. Diese Gleichung kann von einem linearen Gleichungslöser nicht behandelt werden.

8.5
Nichtlineare Gleichungssysteme I

Oft treten in der Praxis Constraints mit nichtlinearen arithmetischen Ausdrücken auf (siehe voriges Beispiel). Eine in CLP-Sprachen mit linearen Gleichungssystemen angewendete Methode ist, die Bearbeitung eines nichtlinearen Constraints zu verzögern, in der Hoffnung, daß der Ausdruck linear wird. Zwei Constraintsprachen der ersten Stunde, CAL und BNR-Prolog, boten andererseits bereits die Behandlung nichtlinearer Gleichungen an und verwendeten dabei jeweils einen der beiden grundlegenden Ansätze zum Lösen solcher Constraints.

In CAL wurde das Gröbner-Basis-Verfahren angewendet. Es ist im Prinzip eine Erweiterung der Variablenelimination auf nichtlineare Gleichungssysteme, kann aber keine trigonometrischen Funktionen behandeln. Der Nachteil von diesem und ähnlichen Verfahren ist ihre hohe Komplexität (doppelt exponentiell).

In BNR-Prolog wurde ein relativ einfaches Konsistenzverfahren mit polynomialer Komplexität auf der Basis der Intervallarithmetik angewendet, das seit den sechziger Jahren in der Künstlichen Intelligenz entwickelt wurde.

Wir werden uns auf die Intervallarithmetik als Lösungsverfahren für nichtlineare Gleichungssysteme konzentrieren. Man kann sich dieses Verfahren als eine Erweiterung der Intervallbereiche von FD auf beliebige arithmetische Funktionen und auf reelle

Zahlen vorstellen. Im Gegensatz zu FD haben wir es nun mit einem unendlichen Wertebereich zu tun.

Die Signatur des Constraintsystems für nichtlineare Gleichungssysteme I enthält die Menge $\Re$ der reellen Zahlen, die üblichen arithmetischen Funktionssymbole wie $+$, $*$, log, sin, exp sowie „..", und die Constraintsymbole sind $=_I, <_I, \leq_I, >_I, \geq_I$ und $\neq_I$ und „::".

Auf die rationalen Zahlen kann man verzichten, da die Ungenauigkeit der Maschinendarstellung reeller Zahlen als Fließkommazahlen durch Intervalle beschrieben werden kann und da nichtlineare und trigonometrische Funktionen auch irrationale Zahlen erzeugen können. $\sqrt{2}$ läßt sich z.B. eingrenzen durch das Intervallconstraint `Wurzel2::1.41..1.42` und π durch `Pi::3.14..3.15`.

Die erlaubten Constraints von I sind Gleichungen oder Ungleichungen über arithmetischen Ausdrücken:

$$C ::= \; true \; \mid \; false \; \mid \; X :: n..m \; \mid \; s \odot t \; \mid \; C \wedge C$$

wobei n und m reelle Zahlen sind, s und t beliebige arithmetische Ausdrücke über der Signatur von I sind und $\odot$ eines der Constraintsymbole $=_I, <_I, \leq_I, >_I, \geq_I, \neq_I$ ist.

Die Constrainttheorie beschreibt die entsprechenden arithmetischen Funktionen und Relationen. Das Constraint $X :: n..m$ wird wie in FD definiert:

$$X :: n..m \leftrightarrow n \leq X \wedge X \leq m$$

Bei der Kantenkonsistenz beschränkt man sich auf die Überprüfung der Intervallgrenzen, ähnlich wie bei den Intervallbereichen von FD. Die Regeln für die Intervallbereiche aus dem Constraintsystem FD lassen sich im Prinzip übernehmen. Abweichungen gibt es dort, wo in FD der Nachfolger oder Vorgänger einer Zahl berechnet wird (z.B. Regel `ungleichx`), weil dies ja nur für ganze Zahlen explizit möglich ist. Weitere CHR-Regeln einer Implementierung finden sich im Anwendungsbeispiel Mietspiegel.

Mehrfach vorkommende Variablen werden aus Effizienzgründen in der Regel unabhängig voneinander betrachtet. Zusammen mit der Unendlichkeit des Wertebereiches hat dies aber

Folgen: Intervallpropagierung mit dem Constraint $X=_I X*2$ z.B.
halbiert in jedem Schritt das Intervall für X, und dies ist (zumindest theoretisch) unendlich oft möglich. Terminierung und Effizienz erreicht man durch ein *Abbruchkriterium*, das eintritt, wenn
das Intervall eine vorgegebene Größe unterschreitet.

Dadurch (und wegen der Ungenauigkeit der Maschinendarstellung reeller Zahlen) ist es mit Intervallverfahren aber oft
unmöglich, eine Variable auf genau einen Wert einzuschränken.
Ein Intervall über reellen Zahlen, das nicht nur einen Wert erlaubt, beinhaltet aber immer unendlich viele Werte. Im allgemeinen läßt sich mit Intervallpropagierung allein nicht sicher sagen,
ob, wo und wie viele Lösungen in einem Intervall stecken.

Beispiel 8.5.1. Betrachten wir die Lösungen dieser drei einander
ähnlichen Gleichungen:

$$X^4 - 12X^3 + 47X^2 - 60X =_I 0$$
$$X^4 - 12X^3 + 47X^2 - 60X + 24 =_I 0$$
$$X^4 - 12X^3 + 47X^2 - 60X + 24.1 =_I 0$$

Intervallpropagierung kombiniert mit anderen Verfahren liefert im besten Fall für die erste Gleichung das Intervall 0.0..5.0
für die Variable X, sie hat die Lösungen $0, 3, 4$ und 5. Für die
zweite Gleichung erhalten wir 0.888..1.0, Lösungen sind 8/9 und
1, für die letzte Gleichung gibt es keine Lösung. Es müssen also nicht einmal die Grenzen eines Intervalls Lösungen darstellen:
Die Lösung 8/9 kann durch die Fließkommazahl 0.888 nur approximiert werden. ◊

Manchmal kann man sich durch ein Enumerationsverfahren
helfen, das ein gegebenes Intervall in zwei Hälften teilt und sie
getrennt untersucht. Da dies unendlich oft möglich ist, ist wieder
das Abbruchkriterium notwendig.

Einige der erwähnten Probleme können durch weniger naive
Verfahren vermieden werden und sind Gegenstand gegenwärti-
ger Forschung. Die im Juni 1997 bei Ilog erschienene Constraint-
Bibliothek Numerica [vHMD97] von van Hentenryck z.B. basiert

auf Intervallarithmetik und kann garantieren, daß jedes Intervall mindestens eine Lösung enthält. Numerica verwendet eine Reihe ausgeklügelter mathematischer Verfahren, beginnend mit einer Erweiterung des Newtonschen Näherungsverfahrens zur Nullstellensuche einer Funktion.

Anwendung: Mietspiegel

Anwendungen für Intervallconstraints finden sich in Physik, Geometrie, Mathematik und Chemie, vor allem aber in der Modellierung und Simulation (Simulation analoger Schaltkreise, räumliches Schließen, z.B. für Roboterarmsteuerung, Gleichgewichtszustände von Chemikalien, Finanzanalysen). Obwohl derzeit ein verstärktes Interesse an diesem Constraintsystem herrscht, sind konkrete kommerzielle Anwendungen 1997 noch rar.

Ein näher beschriebenes Anwendungsbeispiel mit einfachen nichtlinearen Constraints, der Mietspiegelberechnungsdienst, findet sich in Kapitel 9.

9 Anwendungen

9.1
Marktüberblick

Seit Anfang der neunziger Jahre wird Constraint-Programmierung mit Erfolg von mehreren Firmen (Ilog mit Numerica, IlogSolver und IlogSchedule, Cosytec mit CHIP 4, Siemens Nixdorf mit IFProlog, Prologia mit Prolog IV) weltweit kommerziell eingesetzt. Die Zahl der kommerziellen Anwendungen wurde 1996 auf 300 geschätzt, der Umsatz mit Constrainttechnologie auf etwa 100 Millionen US-Dollar, mit steigender Tendenz [Wal96]. Die erwähnten Firmen haben jeweils mehrere hundert Kunden für ihre constraintbasierten Produkte gefunden. Während Frankreich, Großbritannien, USA und Asien stark wachsende Märkte für constraintbasierte Entscheidungshilfesysteme sind, ist der Markt in Deutschland erst im Entstehen.

Die Constrainttechnologie ist so weit gereift, daß Constraintlöser und Suchverfahren nicht nur in Logikprogrammiersprachen, sondern zunehmend auch als Softwarekomponenten (auch: Bibliotheken) für Standardprogrammiersprachen wie C angeboten werden (z.B. von Ilog).

Vorteile des Einsatzes von Constraint-Programmierung sind

- die deklarative Modellierung von Problemen mit Hilfe von Constraintsystemen, die schneller zu robuster, flexibler und wartbarer Software führt,
- die Möglichkeit zur Darstellung sowohl unvollständiger und spärlicher als auch vollständiger Information durch Con-

straints, die es ermöglicht, auch mit ungenauen, unsicheren und
unscharfen Daten korrekt zu arbeiten,
- das Schließen mit solchen Informationen und die automatische
  Propagierung der Effekte, wenn neue Information (in Form von
  Constraints) bekannt wird, z.B. die Berechnung der Konsequenzen einer Entscheidung,
- die gute Kombinierbarkeit von Constraintlösen mit Such- und
  Optimierungsverfahren zur Lösung kombinatorischer Probleme, vor allem in Constraint-Logikprogrammiersprachen.

Constraintbasierte Software kann also vorteilhaft eingesetzt
werden zum Schließen mit unvollständiger, aber auch vollständiger Information und zum Lösen kombinatorischer Probleme in
Entscheidungsunterstützungssystemen (auch: Expertensysteme,
intelligente Agenten, engl. decision support systems).

Die vielfältige Flexibilität des constraintbasierten Ansatzes
macht den Hauptvorteil gegenüber hochspezialisierten Werkzeugen aus, die unter Umständen nicht an veränderte Problemstel-
lungen angepaßt werden können. Dafür muß man bei Constraints
gegebenfalls leichte Abstriche bei der Effizienz in Kauf nehmen.

Wissenschaftlich betrachtet sind es vor allem Anwendungen
und Fragestellungen aus der Künstlichen Intelligenz, die mit
Constraints gut bearbeitet werden können: Computerunterstütz-
tes Sehen (engl. machine vision), Linguistik, Sprachverarbeitung
(engl. natural language understanding), zeitliches und räumliches
Schließen (engl. temporal and spatial reasoning) und automatisches Beweisen.

Hauptsächliche industrielle Anwendungsgebiete der Cons-
trainttechnologie sind zum einen die Modellierung, (ausführbare)
Spezifikation, Design, Synthese, Simulation, Verifikation und Feh-
lerdiagnose von elektronischen, elektrischen und mechanischen
Komponenten und ganzen industriellen Abläufen, von Computer-
Hardware und Softwarekomponenten und zum anderen Planung,
Logistik und Management von Produktion, Personal, Finanzen,
Verkehr, Netzwerken und Ressourcen (insbesondere in der Zeit-
und Kapazitätswirtschaft) sowie Transport- und Plazierungsop-
timierung, Design, Konfiguration und Layoutgenerierung.

Die Branchen (und Firmen), die Constrainttechnologie anwenden, sind entsprechend breit gestreut:

- Transportwesen (British Airways, Lufthansa, Delta Airlines, Hongkong International Terminals, SNCF)
- Automobil- und Flugzeugindustrie (Ford, Renault, Peugeot, Citroën, Daimler-Benz, Michelin, Lockheed Martin, Airbus)
- Elektronik (IBM, Alcatel, Philips, Hewlett-Packard, Whirlpool, Bosch, Motorola, Thomson, Siemens, Nokia)
- Telekommunikation (France Telecom, AT&T)
- Finanzwesen (Banken und Versicherungen wie Citicorp, National Westminster Bank)
- Energieversorgung (Shell)
- Nahrungsmittelindustrie (Uncle Ben's)
- Handel (El Corte Ingles)
- Chemie (Rhone Poulenc)
- Militär (Dassault)
- Öffentlicher Sektor (NASA)

Es seien hier einige konkrete kommerzielle Anwendungen kurz beschrieben (ohne Anspruch auf Ausgewogenheit):

- Das System DAYSY von Cosytec adaptiert für die Lufthansa den Einsatz von Personal nach Störungen im Flugbetrieb (Verspätungen, Erkrankungen usw.), so daß die Änderungen im Personalplan und die Kosten minimiert werden.
- Nokia Mobile Phones, der zweitgrößte Mobiltelefonhersteller der Welt, verwendet IFProlog zur automatischen Konfiguration von Software für Mobiltelefone.
- Siemens verwendet betriebsintern das in IFProlog mit Booleschen Constraints entwickelte „Circuit Verification Environment" (CVE) zum Design und zur Verifizierung von Hardware (VLSI Chips).
- ICL hat mit DecisionPower (ein CHIP-Derivat) bereits 1991 eine Plazierungsanwendung für Hongkong International Terminals, einem der größten Containerhafen der Welt, zur optimalen Plazierung von Containern in Lagerhallen zwischen Ankunft und Abfertigung entwickelt.

- Renault setzt ein CHIP-Derivat seit 1995 im „Short Term Production Planning" ein, zur optimalen Planung der Zulieferung und Fertigung von Varianten eines Autotyps innerhalb eines Fertigungsabschnittes.
- Dassaults Anwendung „Made" in CHIP entscheidet, wo und wie komplexe Flugzeugteile aus einem Blech herausgeschnitten werden sollen, so daß möglichst wenig Abfall und Zeitverlust entstehen. Dassault hat mehrere constraintbasierte Anwendungen im Einsatz.
- Ilog hat für die französischen Eisenbahnen (SNCF) das Werkzeug „Sagitaire" entwickelt, das im Bereich des Bahnhofes Paris Nord für über 1700 Züge täglich plant, auf welchen Teilstrecken und Gleisen sie fahren sollen, ohne sich gegenseitig zu behindern.

Im folgenden stellen wir zwei innovative Anwendungsstudien genauer vor. Beide Studien wurden in Zusammenarbeit des European Computer-Industry Research Center (ECRC) in München mit Projektpartnern vollständig in der Constraint-Logikprogrammiersprache ECL^iPS^e mit Hilfe ihrer CHR-Bibliothek geschrieben.

Der Mietspiegelberechnungsdienst im Internet (IMS) [FA97] ist ein Beispiel für ein constraintbasiertes Entscheidungsunterstützungssystem. Er erlaubt es, durch eine Formularseite im World Wide Web in wenigen Minuten die ortsübliche Vergleichsmiete einer Wohnung zu berechnen, auch wenn nur ungenaue oder unvollständige Angaben vorliegen. Damit kann erstmals ein Mietspiegel auch zur Ermittlung des Preisniveaus bei der Wohnungssuche verwendet werden. Der IMS wurde in Zusammenarbeit mit der Ludwig-Maximilians-Universität München am ECRC entwickelt. Der IMS wurde 1996 von fast zehntausend Benutzern frequentiert. Er gewann im gleichen Jahr den Preis für die beste Anwendung auf der JFPLC-Konferenz in Clermont Ferrand, Frankreich, und wurde auf der Computermesse Systems 96 in München mit einigem Medienecho präsentiert. Er ist das erste System weltweit, das eine Anwendung von Constrainttechnologie über das Internet ermöglicht.

Die Studie für Siemens zur optimalen Plazierung digitaler Sendeanlagen in drahtlosen Bürokommunikationssystemen ist einerseits ein typisches kombinatorisches Suchproblem, anderseits aber ungewöhnlich wegen der geometrischen Constraints, die zu optimieren sind. Das Planungssystem war zum Zeitpunkt seiner Entwicklung 1995 eines der ersten Systeme mit dieser Funktionalität und wurde 1996 von einer amerikanischen Fachpublikation [MBF96] als eine der weltweit innovativsten Anwendungen im Bereich Telekommunikation ausgewählt. Das Planungssystem wurde innerhalb eines Personenjahres am ECRC, München, als voll funktionsfähiger Prototyp implementiert und mit gleichem Zeitaufwand von einem Diplomanden des Instituts für Kommunikationsnetze an der RWTH Aachen bei Siemens, Abteilung Forschung und Entwicklung, München, zum Prototyp weiterentwickelt.

9.2
Der Münchner Mietspiegel Online

Mit einem Mietspiegel läßt sich eine Vergleichsmiete zu einer Mietwohnung errechnen. Diese Vergleichsmiete ist in gerichtlich zu klärenden Rechtsstreitigkeiten zu Mietfragen als Beweismittel zugelassen. Die Berechnung basiert auf Größe, Alter und Lage der Wohnung sowie einer Reihe von detaillierten Fragen über die Wohnung und das Haus, die aus einer statistischen Erhebung als relevant hervorgingen. Wegen dieses statistischen Ansatzes tritt eine inhärente Unschärfe auf, die in der Papierversion eines Mietspiegels meist nicht ausreichend berücksichtigt werden kann.

In Deutschland haben etwa 260 Städte eigene Mietspiegel, die alle zwei Jahre aktualisiert werden. Kleine Städte kommen mit einfachen Tabellen der Quadratmeterpreise aus, während München und Berlin die komplexesten Mietspiegel haben. Der Münchener Mietspiegel umfaßt 12 Seiten mit einer Unzahl von Tabellen, Berechnungsregeln und -formeln. Mit Papier und Bleistift braucht man ohne die Hilfe eines Experten (von Wohnungsamt oder Mieterverein) leicht ein Wochenende, um alle Fragen des Mietspiegels zu beantworten und die Vergleichsmiete zu berechnen. Man benötigt Angaben, über die man in der Regel nur

ungefähr Bescheid weiß, z.B. das Jahr der letzten Renovierung
des Hauses oder die exakte Höhe der Kachelung im Badezimmer.

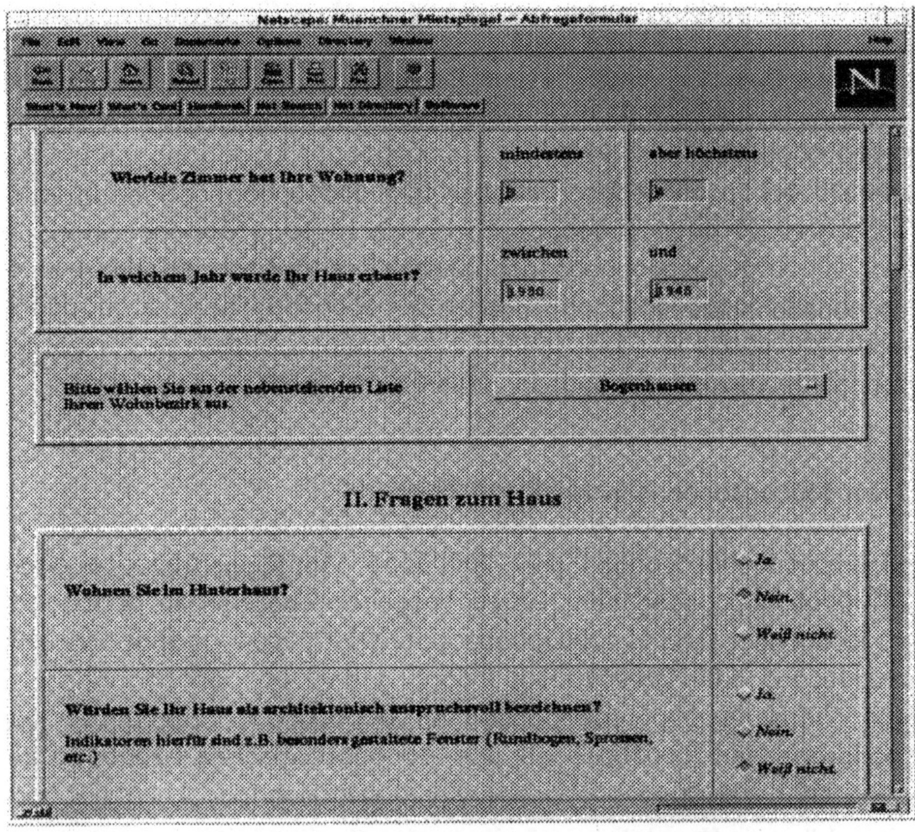

Abb. 9.1. Mietspiegelformular (Ausschnitt)

Die elektronische Version des Mietspiegels im Internet (IMS)
kann den Zeitaufwand für den Benutzer auf wenige Minuten re-
duzieren [FA97]. Mittels Constraints ist der IMS sogar in der
Lage, mit ungenauen und unvollständigen Angaben und der statistischen Unschärfe korrekt umzugehen. Damit läßt sich erstmals ein Mietspiegel auch dazu verwenden, bei der Wohnungsuche
das Mietpreisniveau zu bestimmen, ohne sich auf eine bestimmte
Wohnung festlegen zu müssen (Abb. 9.1).

Damit viele Bürger den IMS jederzeit und überall benutzen
können, wurde der IMS im World Wide Web (WWW) des Internet realisiert, zweisprachig in Deutsch und Englisch. Das Mietspiegelformular wird vom Benutzer ausgefüllt und innerhalb von
Sekundenbruchteilen ausgewertet. Zusätzlich werden auf weiteren Webseiten Erläuterungen zum Mietspiegel mit Querverwei-
sen (Links) zu den relevanten Institutionen wie Wohnungsamt
und Mietervereinen angeboten.

Die meisten Constraint-Logikprogrammiersprachen stellen
Prädikate für die Kommunikation mit dem Internet zur
Verfügung. Aus diesem Grund war es am einfachsten, einen ru-
dimentären Webserver zu schreiben, der nur folgende Funktionalität aufweist: Er nimmt die Benutzerangaben aus dem Formular
entgegen und leitet das Berechnungsergebnis an den Benutzer
zurück (Abb. 9.2).

Die Berechnung der Vergleichsmiete

Die monatliche Vergleichsmiete einer Wohnung berechnet sich im
Prinzip nach der Formel:

$$
\begin{aligned}
Vergleichsmiete = {} & Fl\ddot{a}che\_in\_m^2 * Basismiete\_pro\_m^2 \\
& * (Summe\_Zu\_und\_Abschl\ddot{a}ge + 100) * 0,01 \\
& * (Bandbreite + 100) * 0,01 \\
& * (Zus\ddot{a}tzliche\_Bandbreite + 100) * 0,01) \\
& + Nebenkosten
\end{aligned}
$$

Die $Basismiete\_pro\_m^2$ entnimmt man einer Tabelle mit et-
wa 200 Einträgen für ganzzahlige Qudratmeterwerte. Die Summe der Zu- und Abschläge wird durch Regeln und zusätzliche
Tabellen aus den Angaben aus dem Formular berechnet. Neben
Fragen nach der Größe der Wohnung, ihrer Lage und dem Alter des Hauses gibt es 6 Ja/Nein-Fragen über das Haus, wie z.B.
über optische Gestaltung, Fensterisolierung und Aufzug, und 13
Ja/Nein-Fragen über die Wohnung wie z.B. über Heizungssystem,
Bad- und Küchenausstattung. Die größten Zu- und Abschläge im
Münchner Mietspiegel hängen von der Zimmerzahl, einem even-
tuell vorhandenen Balkon und dem Alter des Hauses ab.

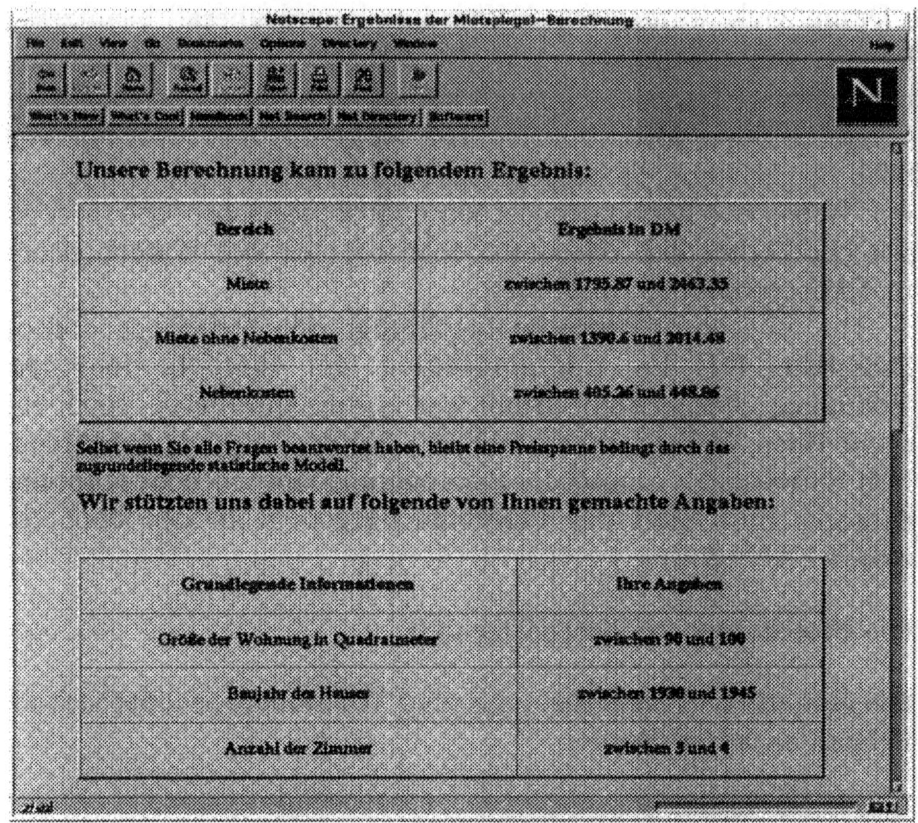

Bereich	Ergebnis in DM
Miete	zwischen 1795.87 und 2463.35
Miete ohne Nebenkosten	zwischen 1390.6 und 2014.49
Nebenkosten	zwischen 405.26 und 448.86

Grundlegende Informationen	Ihre Angaben
Größe der Wohnung in Quadratmeter	zwischen 90 und 100
Baujahr des Hauses	zwischen 1930 und 1945
Anzahl der Zimmer	zwischen 3 und 4

Abb. 9.2. Ergebnis (Ausschnitt)

Die sich so ergebende Netto-Vergleichsmiete unterliegt einer
möglichen statistischen Unschärfe, einer Bandbreite. Sie stellt
mögliche und erlaubte Abweichungen einer Vergleichsmiete von
der tatsächlichen Miete dar, die man wegen der begrenzten Zahl
der erhobenen Stichproben nicht weiter einengen kann. Die Bandbreite erhöht sich daher noch zusätzlich, wenn die Wohnung in
einem Neubau liegt oder aufgrund ihrer Quadratmeterzahl erheblich von einer durchschnittlichen Wohnung abweicht.

Gesondert müssen die Nebenkosten behandelt werden. Sie
werden auf die Nettomiete aufgeschlagen. Nebenkosten sind An-
teile an Fixkosten des Hauses wie z.B. Kosten für Müllbeseiti-
gung und Kabelfernsehen. Im IMS werden 16 Nebenkostenarten

behandelt. Normalerweise wird der Benutzer die Fragen nach den Nebenkosten übergehen, da ihre genaue Berechnung nur im Falle einer gerichtlichen Auseinandersetzung notwendig ist.

Der Ansatz war, zuerst die Tabellen, Regeln und Formeln der Papierversion des Mietspiegels unter der Annahme zu programmieren, daß alle notwendigen Angaben zur Verfügung stehen. Wegen der Deklarativität der Constraint-Logikprogrammierung war die Implementierung in wenigen Wochen möglich: Tabellen lassen sich durch Fakten, Regeln durch Klauseln darstellen. Dann wurden Constraints eingeführt, um die Unschärfe (wegen des statistischen Modells) und Unvollständigkeit (wegen ungenauer oder unvollständiger Benutzerangaben) zu berücksichtigen. Dabei wurden die Formeln zur Vergleichsmietenberechnung nun als Constraints betrachtet, der Rest des Programms blieb praktisch unverändert. Das Verhalten dieser Constraints wurde in einem Constraintlöser spezifiert. Die Verwendung einer Constraint-Logikprogrammiersprache ermöglicht zudem eine einfache Wartung und Anpassung des Programms an neue Mietspiegel.

Constraintlöser

Die Ungenauigkeit der Angaben des Benutzers werden durch Bandbreiten (Wertebereiche) dargestellt. Alle Parameter des Mietspiegels werden eingangs auf ihren erlaubten Wertebereich eingeschränkt. Das Constraint `Groesse::22..160` z.B. bedeutet, daß die Größe einer Wohnung, für die eine Vergleichsmiete berechnet werden kann, zwischen 22 und 160 m^2 liegen muß.

Zum Rechnen mit Bandbreiten braucht man arithmetische Operationen über Intervallen (siehe Abschnitt 8.5). Ein existierender Constraintlöser über endlichen Bereichen (siehe Abschnitt 8.3) aus der CHR-Bibliothek wurde so für Intervallarithmetik adaptiert, daß die im Mietspiegel vorhandenen Formeln als Constraints behandelt werden können. Dazu werden lineare und nichtlineare Gleichungen der folgenden Formen benötigt:

$$C_1 * X_1 + C_2 * X_2 + ... + C_n * X_n + C_0 = Y \text{ und}$$
$$C * X_1 * X_2 * ... * X_n = Y \quad n \geq 0,$$

wobei die C_i und C Zahlen sind und die X_i und Y verschiedene

Variablen. Sie werden als Constraints der Formen
`summe(0..0, C1*X1+C2*X2+...+Cn*Xn+C0, Y)` und
`produkt(1..1, X1*X2*...*Xn*C, Y)`
implementiert. `summe(Min..Max, Summe, Ergebnis)` bedeutet,
daß die Differenz zwischen `Summe` und `Ergebnis` zwischen `Min`
und `Max` liegt. `produkt(Min..Max, Produkt, Ergebis)` bedeutet, daß das Verhältnis zwischen `Produkt` und `Ergebnis` zwischen
`Min` und `Max` liegt.

Die CHR-Regeln für das Constraint `summe` sind:

```
summe(Min..Max, C*X+Rest, Ergebnis) <=> zahl(X) |
    NewMin is Min + C*X,
    NewMax is Max + C*X,
    summe(NewMin..NewMax, Rest, Ergebnis).

summe(Min..Max, C*X+Rest, Ergebnis), X::XMin..XMax <=>
    NewMin is Min + min(C*XMin,C*XMax),
    NewMax is Max + max(C*XMin,C*XMax),
    summe(NewMin..NewMax, Rest, Ergebnis),
    X::XMin..XMax.

summe(Min..Max, C0, Ergebnis) <=> zahl(C0) |
    NewMin is Min + C0,
    NewMax is Max + C0,
    Ergebnis::NewMin..NewMax.
```

Die Regeln für das Constraint `summe` durchlaufen rekursiv die
lineare Gleichung. In jedem Rekursionsschritt wird ein Summand
der Form `C*X` bearbeitet und sein Wert zur vorläufigen Bandbreite im ersten Argument addiert, die in Form eines Intervalls gegeben ist. Falls der Wert von `X` schon bekannt ist, addiert man `C*X`
zu den Intervallgrenzen `Min` und `Max` (erste Regel). Falls `X` noch
unbekannt ist, existiert ein Constraint der Form `X::XMin..XMax`,
und dann vergrößert sich das Ergebnisintervall `Min..Max` um das
mit `C` multiplizierte Intervall von `X` (zweite Regel). Schließlich
wird die Konstante `C0` zum Ergebnisintervall addiert (letzte Regel). Für die Constraints des Mietspiegels reicht diese eine Berech-
nungsrichtung (Propagierungsrichtung) von den Summanden zur
Ergebnisvariablen aus.

Ähnlich wird das nichtlineare Constraint **produkt** implementiert:

```
produkt(Min..Max, X*Rest, Ergebnis) <=> zahl(X) |
    NewMin is min(X*Min,X*Max),
    NewMax is max(X*Min,X*Max),
    produkt(NewMin..NewMax, Rest, Ergebnis).

produkt(Min..Max, X*Rest, Ergebnis), X::XMin..XMax <=>
    NewMin is min(Min*XMin,Max*XMax,Max*XMin,Min*XMax),
    NewMax is max(Min*XMin,Max*XMax,Max*XMin,Min*XMax),
    produkt(NewMin..NewMax, Rest, Ergebnis),
    X::XMin..XMax.

produkt(Min..Max, C0, Ergebnis) <=> zahl(C0) |
    NewMin is min(C*Min,C*Max),
    NewMax is max(C*Min,C*Max),
    Ergebnis::NewMin..NewMax.
```

Zum Beispiel ergibt sich aus den Constraints `Dollar=20`, `produkt(1:1,Wechselkurs*Dollar,DM),Wechselkurs::` `1.50..1.65` die Antwort `DM::30..33`, `Dollar=20`, `Wechselkurs::1.50..1.65,`. Man beachte, daß die Darstellung der Umrechnungsformel *Wechselkurs* Dollar=DM* unabhängig davon ist, ob mit genauen oder durch Constraints eingeschränkten Werten gerechnet wird.

9.3
Planung drahtloser Systeme

Mobile (Tele-)Kommunikation ist vielleicht der Trend der neunziger Jahre. In Deutschland hat bereits mehr als jedes dritte verkaufte Telefon kein Kabel mehr. Es handelt sich dabei nicht nur um Handies, sondern auch um kabellose Telefone für zu Hause. Mit der Einführung eines europäischen Standards für digitale kabellose Telekommunikation, DECT, sind kleinräumige Kommunikationsnetze möglich geworden. Allein in Westeuropa sollen 1999 14 Millionen schnurlose Telefone nach dem DECT-Standard verkauft werden, etwa ein Drittel davon in Deutschland. Kabellos kann das interne Telefonnetz einer Firma jederzeit um Teilnehmer erweitert werden, und dies ohne aufwendige Montagearbeiten. Zudem bringt die digitale Datenübertragung mit DECT eine verbesserte Übertragungsqualität bei mehr Abhörschutz.

Allerdings unterscheidet sich die Planung kabelloser Kommunikationsnetze erheblich von der Planung kabelgebundener Anlagen. Die Funkwellenausbreitung im Gebäude muß bei der Installation der Sendeanlagen zusätzlich berücksichtigt werden. Die Planung eines Funknetzes erfolgt entweder aus der Erfahrung entsprechend geeigneter Mitarbeiter, eine zeitaufwendige und teure Methode, oder aber mit Hilfe eines Regelwerks. Man versucht dabei, eine beliebige reale Umgebung auf einige beispielhafte Szenarien abzubilden. Damit sind schnell konkrete Aussagen über die Anzahl der benötigten Basisstationen zu erzielen. Im Hinblick auf die exakte Positionierung aber bietet das Regelwerk aufgrund seiner Allgemeingültigkeit nur grobe Richtlinien.

Mit computerunterstützter Planung gelangt man schnell zu konkreten Aussagen, die in der Qualität mit denen eines Experten vergleichbar sind. Das ist die wichtigste Erkenntnis aus der Entwicklung des Softwareprototyps POPULAR (Planning of Picocellular Radio) [MBF96]. Dieses Werkzeug simuliert die Funkwellenausbreitung in Gebäuden und optimiert die Anzahl und die Plazierung von Sendeanlagen für lokale, kabellose Kommunikationsnetze. Das Constraint-Logikprogramm für POPULAR ist nur 4000 Zeilen lang, inklusive der Grafik für die Benutzerschnittstelle, die etwa die Hälfte des Programms ausmacht.

Modellierung

Die Funkausbreitung wird hauptsächlich durch folgende Faktoren beeinträchtigt:

- Dämpfung des Signals in Abhängigkeit von der Entfernung,
- Abschattung und Beugung durch Hindernisse und
- Mehrwegeausbreitung durch Reflexion.

In der Arbeitsgruppe 231 „Propagation Models" der COST (European Cooperation in the Field of Scientific and Technical Research) wurde 1990 ein kompaktes Pfadverlustmodell veröffentlicht. Es basiert auf der Energiebilanz für die drahtlose Übertragung und kombiniert die entfernungsabhängige Dämpfung mit Korrekturtermen, die zusätzliche Verluste durch Hindernisse in der Ausbreitungsrichtung kompensieren. Bestimmt wird der gesamte Leistungsverlust L_P als Dämpfung in Dezibel (dB)[1] nach der Formel:

$$L_P = L_{1m} + 10\,n\,\log_{10} d + \sum_i k_i\,F_i + \sum_j p_j\,W_j$$

Dabei bedeuten

L_P : gesamter Pfadverlust in dB,
L_{1m}: Pfadverlust in 1m Entfernung vom Sender,
n : Steigung der Kennlinie,
d : Entfernung zwischen Sender und Empfänger,
k_i : Anzahl der Decken des Typs i im Ausbreitungspfad,
F_i : Einfügungsdämpfung einer Decke des Typs i,
p_j : Anzahl der Wände des Typs j im Ausbreitungspfad,
W_j : Einfügungsdämpfung einer Wand des Typs j.

Die Einfügungsdämpfung gibt den Wert wieder, der als zusätzlicher Verlust beim Durchdringen einer bestimmten Wand bzw. Geschoßdecke entsteht, der Wert ist je nach Baumaterial stark unterschiedlich. Abbildung 9.3 soll das Modell verdeutlichen. Die logarithmische Darstellung beginnt bei einer Entfernung $d = 1\,m$ und dem damit verbundenen unteren Grenzwert von 38 dB. Die Sprungstellen in der Funktion entsprechen zwei Wänden bei $d = 6\,m$ und $d = 9\,m$ im Ausbreitungspfad.

Lösungsverfahren

Der Gebäudeplan wird eingescannt und dann von Hand nachbearbeitet, indem Wände und Decken nachgezogen und mit Einfügungsdämpfungen versehen werden.

---

[1] Maßeinheit auf logarithmischer Skala.

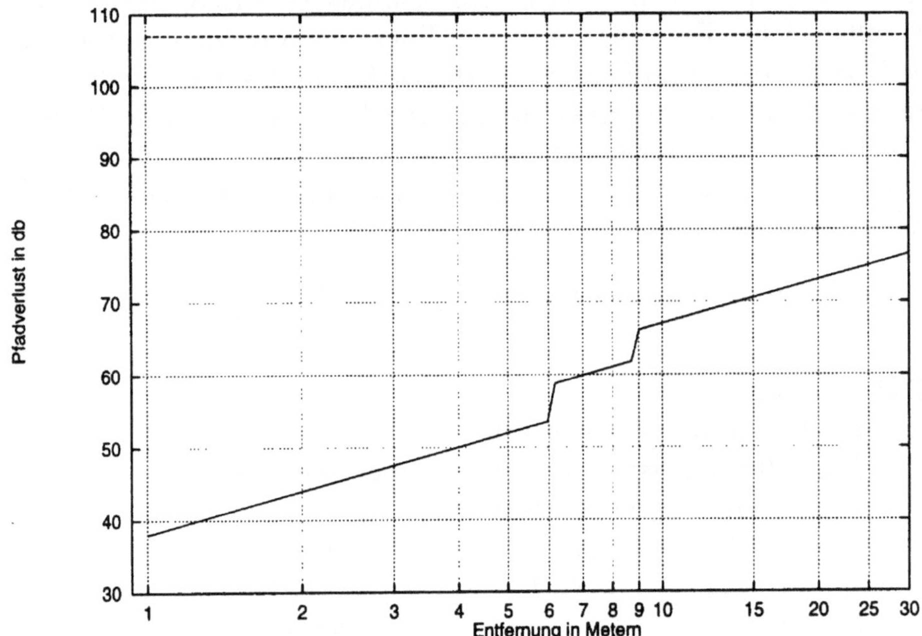

Abb. 9.3. Typischer Pfadverlust mit Einfügungsdämpfung

Simulation der Funkausbreitung. Die Funkausbreitung wird
mit Hilfe von Testpunkten simuliert. Jeder dieser Testpunkte, die
entlang eines dreidimensionalen Rasters im Gebäude plaziert werden, stellt einen potentiellen Empfänger dar. Die Testpunkte befinden sich in jedem Stockwerk in einer Höhe von 1.70 m über
dem Fußboden. In dieser Höhe wird ein Mobilgerät von einem ste-
henden Menschen benutzt. Als Anhaltspunkt für die Schrittweite
des Rasters in horizontaler Richtung dient die Größe der Räume.
In jedem Raum soll sich mindestens ein Testpunkt befinden.

Für jeden Testpunkt wird die sogenannte „Funkzelle" berechnet. Das ist der Bereich, in dem ein Sender liegen muß, damit der
Empfänger mit einem ausreichend guten Signal versorgt werden
kann. Dazu wird eine fiktive Funkwelle in einer ausreichenden
Anzahl von Richtungen (mehr als hundert) untersucht.

Der Ausbreitungspfad wird durch das gesamte Gebäude hin-
durch verfolgt (Abb. 9.4). Entlang des Pfades werden alle Schnitt-

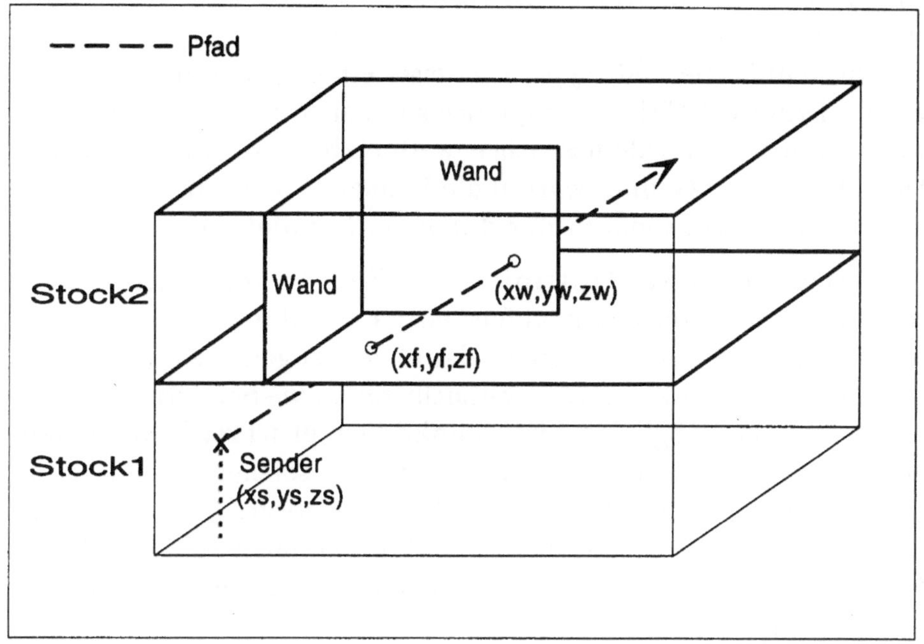

Abb. 9.4. Pfad vom Sender durch ein Gebäude

punkte mit Wänden und Decken festgestellt und die zugehörigen Einfügungsdämpfungen registriert. Dabei werden die Antennendämpfung in Pfadrichtung, die entfernungsabhängige Dämpfung und die registrierten Einfügungsdämpfungen längs des Pfades bis zum zulässigen Grenzwert des Pfadverlustes aufaddiert. Durch binäre Suche entlang des Pfades werden schließlich ausreichend genau die Koordinaten des zugehörigen Grenzwertpunktes ermittelt. Die Hülle der Grenzpunkte eines Testpunktes beschreibt dann die Funkzelle. Eine Funkzelle umfaßt normalerweise mehrere Räume in mehreren Stockwerken.

Wenn der Raster der Testpunkte ausreichend klein ist, kann man sicher sein, daß auch der Bereich zwischen den Testpunkten mit einem Signal versorgt werden kann — und damit das ganze Gebäude. Da Basisstationen nur direkt unterhalb der Decke positioniert werden dürfen, genügt es, in jeder Funkzelle nur jeweils eine in dieser Installationshöhe positionierte Ebene pro Stockwerk zu betrachten.

Die Funkzelle hat typischerweise eine sehr unregelmäßige Form, denn die Stärke des Signales kann sich dramatisch ändern, wenn man nur ein kleines Stück weitergeht, z.B. um eine Ecke. Das ist auch der Grund, warum die Funkzelle nicht direkt berechnet werden kann, sondern nur durch ein Simulationsverfahren.

Constraintbasierte Optimierung. Zuerst wird für jede Funkzelle folgendes Constraint aufgestellt: Es muß mindestens einen Sender in der Funkzelle geben, damit der zugehörige Testpunkt abgedeckt werden kann. Nun versucht man jene Senderpositionen zu finden, die möglichst viele Funkzellen gleichzeitig abdecken können. Geometrisch gesprochen muß ein solcher Sender dann im Schnitt der Funkzellen liegen, die er versorgt. Auf diese Weise wird eine erste Lösung berechnet. Als einfache, aber wichtige Heuristik werden dabei zuerst benachbarte Funkzellen miteinander geschnitten.

Selbst wenn nun jeder Sender für sich möglichst viele Funkzellen abdeckt, muß dies in der Gesamheit nicht zu einer optimalen Lösung mit einer minimalen Anzahl von Sendern führen. Daher wird nun mit Hilfe des *branch-and-bound*-Suchverfahrens versucht, die Anzahl der Sender zu verkleinern. Dabei versucht man wiederholt, eine Lösung mit einer kleineren Senderanzahl als bei der letzten Lösung zu finden. Kann man keine Lösung mehr finden, so bietet die vorhergehende, letzte Lösung die optimale, d.h. minimale Senderanzahl.

Das Beispiel (Abb. 9.5) zeigt das Ergebnis der Versorgung eines mittelalterlichen Klosters mit 4 Sendern. Ein Abdeckungsgebiet ist jeweils dem stärksten Sender zugeordnet.

In einer ersten Implementierung des Constraintlösers hat man sich auf ein Stockwerk beschränkt und jede Funkzelle durch ein eingeschriebenes Rechteck approximiert. Rechtecke sind orthogonal zum Koordinatensystem und jeweils durch den linken unteren und rechten oberen Eckpunkt definiert. Für jede Funkzelle wird das Constraint **Sender in Rechteck** eingeführt, wobei **Sender** geometrisch gesehen ein Punkt ist, der im Rechteck **Rechteck** lie-

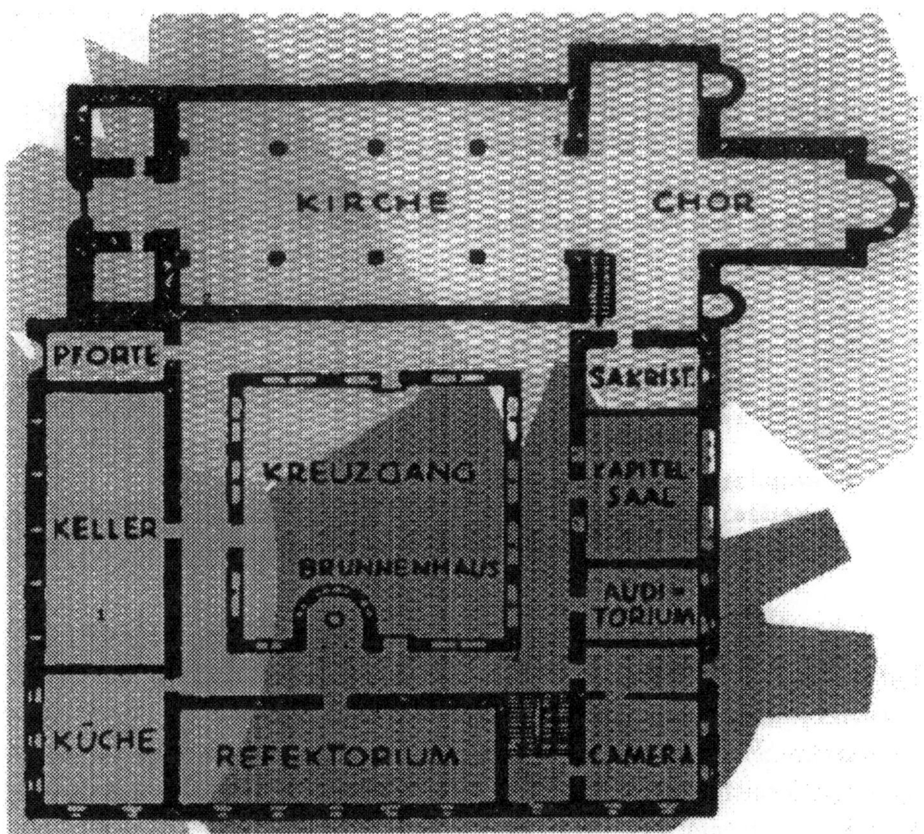

Abb. 9.5. Vollständige Versorgung eines Klosters

gen muß. Die Koordinaten für einen Punkt haben die Form X#Y.
Für den Constraintlöser sind nur zwei CHR-Regeln notwendig:

```
%Sender in (LinkerUntererEckpunkt,RechterObererEckpunkt)

nichtleer @ S in (A#B,C#D) ==> A<C,B<D.

durchschnitt@ S in (A1#B1,C1#D1), S in (A2#B2,C2#D2)<=>
        A is max(A1,A2), B is max(B1,B2),
        C is min(C1,C2), D is min(D1,D2),
        S in (A#B,C#D).
```

Die **durchschnitt**-Regel ersetzt zwei Constraints, die besa-
gen, daß derselbe Sender in zwei verschiedenen Rechtecken liegt,
durch ein Constraint, wobei das neue Rechteck der Schnitt der

beiden ursprünglichen Rechtecke ist. Die **nichtleer**-Regel stellt sicher, daß ein Rechteck `A#B,C#D` nicht leer ist.

Um eine Lösung zu berechnen, versucht man, möglichst viele Sender einander gleichzusetzen, nachdem man alle Constraints eingeführt hat. Für die Enumeration reicht im einfachsten Fall das folgende rekursive Prädikat, das über der Liste aller Sender operiert:

```
sender_gleichsetzen([]).
sender_gleichsetzen([S|L]):-
        sender_gleichsetzen(S,L),
        sender_gleichsetzen(L).

sender_gleichsetzen(S,[]).
sender_gleichsetzen(S,[S1|L]):- S=S1.
sender_gleichsetzen(S,[S1|L]):-
        sender_gleichsetzen(S,L).
```

Für jeden Sender S wird nichtdeterministisch mit dem Prädikat **sender_gleichsetzen/2** versucht, ihn mit einem der noch verbliebenen Sender gleichzusetzen (zweite Klausel). Das Gleichsetzen von Sendern bewirkt das Feuern der **durchschnitt**-Regel mit den Constraints, die zu den gleichgesetzten Sendern gehören. So wird das Rechteck, in dem ein Sender liegen kann, immer kleiner. Schließlich bewirkt die **nichtleer**-Regel ein Scheitern, falls das Rechteck leer geworden ist. Dadurch wird Rücksetzen ausgelöst und der Sender mit einem anderen Sender gleichgesetzt bzw. zu guter Letzt der Sender unberührt gelassen.

In 10 Minuten konnte man diesen Constraintlöser so erweitern, daß er mit Vereinigungen von Rechtecken funktioniert. Damit können die Funkzellen mit beliebiger Genauigkeit approximiert werden. Die Vereinigung von Rechtecken entspricht dem disjunktiven Constraint `S in (R1 ∨ S in R2 ∨ ... ∨ S in Rn`. Es wird kompakter `S in [R1,R2,...,Rn]` geschrieben.

```
nicht_leer   @ S in [] <=> false.

durchschnitt @ S in L1, S in L2 <=>
        durchschnitt_rechtecke(L1, L2, L),
        S in L.
```

```prolog
durchschnitt_rechtecke(L1, L2, L) <=>
  setof(Rechteck,durchschnitt_rechteck(L1,L2,Rechteck),L).

durchschnitt_rechteck(L1, L2, (A#B,C#D)) <=>
        waehle((A1#B1,C1#D1), L1),
        waehle((A2#B2,C2#D2), L2),
        A is max(A1,A2), B is max(B1,B2),
        C is min(C1,C2), D is min(D1,D2),
        A<C, B<D.               % nicht leer

waehle(X,[X|L]).
waehle(X,[Y|L]):- waehle(X,L).
```

Das Prädikat durchschnitt_rechteck/3 wählt mittels
waehle/2 jeweils ein Rechteck aus jeder der beiden Listen L1
und L2, schneidet sie wie zuvor und überprüft auch, ob das
neue Rechteck (A#B,C#D) nicht leer ist. Dieses Prädikat wird in
durchschnitt_rechtecke/3 verwendet, das einfach mittels des
vordefinierten Prädikats setof/3 alle möglichen neuen Rechtecke
einsammelt und Duplikate eliminiert.

Das Erweitern des Constraintlösers auf den dreidimensionalen
Fall mit mehreren Stockwerken ist ähnlich einfach machbar. Jedes Rechteck wird zusätzlich mit einer Stockwerkskennung versehen, und nur Rechtecke in der gleichen Ebene (im gleichen Stockwerk) werden miteinander geschnitten. Der Constraintlöser kann
auch modifiziert werden, so daß er mit anderen geometrischen
Objekten als Rechtecken arbeitet, indem man die Listenelemente A#B,C#D durch die Beschreibung der Objekte ersetzt und die
Schnittberechnung in durchschnitt_rechteck/3 entsprechend
adaptiert.

Die Einfachheit des Constraintlösers bedeutet nicht, daß das
Problem trivial ist. Mit existierenden Constraintlösern wäre es
schwierig gewesen, die Vereinigung von Rechtecken in einem Koordinatensystem reeller Zahlen auszudrücken und effizient bere-
chenbar zu machen.

A Übungsaufgaben und Lösungsvorschläge

Die in diesem Anhang zusammengestellten Übungsaufgaben sind als Anregung gedacht, die vorgestellten Konzepte, Definitionen und Verfahren zu vertiefen. Die meisten der Übungsaufgaben sind in den unterschiedlichsten Constraint-Programmiersprachen und Constraintsystemen lösbar und wurden bereits im Rahmen von Lehrveranstaltungen verwendet. Weitere Übungsaufgaben und Lösungen finden Sie im Internet auf den Webseiten für dieses Lehrbuch (Adresse siehe Vorwort).

A.1
Übungsaufgaben Logikprogrammierung

Übung A.1.1. Routenplanung und Wegeoptimierung

Es soll ein Programm geschrieben werden, das Ratschläge für die Planung von Speditionsaufträgen gibt. Das Programm benutzt eine Datenbasis mit Informationen über Straßen und Städte. Diese Informationen werden als Graph repräsentiert. Der Einfachheit halber ist der Graph gerichtet.

a) Repräsentieren Sie den folgenden Graphen als Fakten der Form `entfernung(Ort1,Ort2,Km)`, die die Länge der direkten Straßenverbindung zwischen zwei Orten angeben.

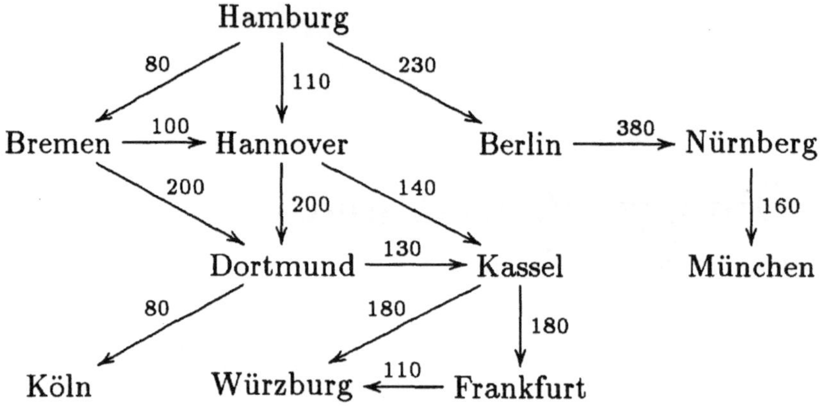

b) Schreiben Sie ein Prädikat **route(Start,Ziel)**, das genau
dann zutrifft, wenn eine Verbindung zwischen **Start** und **Ziel**
besteht.

c) Erweitern Sie das Prädikat **route/2** um ein Argument zum
Prädikat **route(Start,Ziel,Route)**, das bezüglich **Start**
und **Ziel** die gleiche Funktionalität hat, gleichzeitig jedoch
eine Liste **Route** der durchfahrenen Orte mitführt.

d) Erweitern Sie das Prädikat **route/3** um ein Argument
zum Prädikat **route(Start,Ziel,Route,Km)**, das bezüglich
Start, **Ziel** und **Route** die gleiche Funktionalität hat, gleichzeitig jedoch die auf der Fahrt zurückgelegte Entfernung **Km**
berechnet.

e) Schreiben Sie mit Hilfe des obigen Prädikates **route/4**
ein Prädikat **kuerzester(Start,Ziel,Route,Km)**, das genau
dann gilt, wenn **Start** und **Ziel** mittels der Route **Route** die
kürzeste Entfernung **Km** haben.

Hinweis: Die kürzeste Entfernung ist gefunden, wenn es keine
andere Route gibt mit einer noch kürzeren Entfernung. Diesen Sachverhalt können Sie unter Verwendung von Negation
durch Scheitern ausdrücken.

Übung A.1.2. Addieren
Wir wollen ein Constraint so gut wie möglich durch ein Prolog-
Prädikat implementieren.

a) Schreiben Sie ein Prädikat `summe(X,Y,Z)`, das genau dann
   zutrifft, wenn zwei ganze Zahlen `X` und `Y` zwischen 1 und 10
   die Summe `Z` haben. Verfolgen Sie, wie das Ziel `summe(5,6,Z)`
   durch Ihr Programm bearbeitet.
   Welche Antwort liefert das Ziel `summe(X,Y,10)`?
   Beispiel: `summe(4,6,10)` trifft zu.
   Hinweis: Das Programm soll nicht aus 100 Fakten für `summe`
   bestehen, sondern verwenden Sie das Prolog-Prädikat `is/2`.

b) Modifizieren Sie die Definition des Prädikats `summe(X,Y,Z)`
   so, daß in alle Richtungen gerechnet werden kann, so daß z.B.
   eine Summe `Z` auch in ihre Summanden `X` und `Y` zerlegt werden kann.
   Hinweis: Es sollen ganze Zahlen zwischen 1 und 10 generiert
   werden, deren Summe dann berechnet und auf Gleichheit mit
   dem Wert von `Z` überprüft wird. Wenn die Überprüfung scheitert, wird durch Rücksetzen weitergesucht. Wie wird jetzt das
   Ziel `summe(X,Y,10)` bearbeitet?

c) In der modifizierten Definition des Prädikats `summe/3` werden
   so lange alternative Lösungen produziert, bis ein Summanden-
   paar mit richtiger Summe gefunden wird.
   Modifizieren Sie die Definition des Prädikats `summe/3` so, daß
   das Suchverhalten sich verbessert.
   Hinweis: Betrachten Sie dazu ein Ziel wie `summe(X,Y,10)`.
   Wenn eine ganze Zahl für `X` generiert wird, kann man `Y` direkt berechnen, weil die Summe 10 bekannt ist. Verwenden
   Sie die vordefinierten Prädikate `nonvar/1` und `var/1`, um zu
   überprüfen, welche Variablen gebunden sind.

A.2
Übungsaufgaben Constrainterweiterungen

Übung A.2.1. Zusammenhänge

a) Geben Sie Transitionsregeln für die Negation einer Konjunk-
   tion von Constraints $\neg \bigwedge_{i=1}^{n} C_i$ an. Verwenden Sie nur die Konjunktion und keine anderen Constrainterweiterungen.

Hinweis: Orientieren Sie sich an den Reduktionsregeln der
Constrainterweiterung der Disjunktion aus Kapitel 5.

b) Zeigen Sie, daß die Reduktionsregeln der Kardinalität zu denen der Disjunktion spezialisierbar sind.

c) Zeigen Sie, daß sich das Meta-Constraint durch eine Disjunktion, durch eine Konjunktion von Implikationen oder durch ein NCL-Programm implementieren läßt.

Übung A.2.2. NCLP in CLP

Überlegen Sie, wie man ein NCL-Prädikat in ein CL-Prädikat übersetzen kann.

Hinweis: Das Ergebnis ist eine einzige Konjunktion, die mehrere Constrainterweiterungen verwendet.

A.3
Übungsaufgaben Constraintsysteme

Übung A.3.1. Ungleichheitsconstraint

Implementierbar in NCLP, CHR, T

Gegeben sei eine Constrainttheorie CT, die die rein syntaktische Ungleichheit $\dot{\neq}$ zwischen zwei Termen in CET definiert:

Irreflexivität:
$$\forall(x \dot{\neq} x \rightarrow \bot)$$
Symmetrie:
$$\forall(x \dot{\neq} y \rightarrow y \dot{\neq} x)$$
Verträglichkeit:
$$\forall(x_1 \dot{\neq} y_1 \vee \ldots \vee x_n \dot{\neq} y_n \rightarrow f(x_1, \ldots, x_n) \dot{\neq} f(y_1, \ldots, y_n))$$
Zerlegung:
$$\forall(f(x_1, \ldots, x_n) \dot{\neq} f(y_1, \ldots, y_n) \rightarrow x_1 \dot{\neq} y_1 \vee \ldots \vee x_n \dot{\neq} y_n)$$
Verschiedenheit:
$$\forall(\top \rightarrow f(x_1, \ldots, x_n) \dot{\neq} g(y_1, \ldots, y_m)) \quad \text{falls } f \neq g \text{ oder } n \neq m$$
Zyklizität:
$$\forall(\top \rightarrow x \dot{\neq} t) \text{ falls } t \text{ keine Variable ist und } x \text{ in } t \text{ vorkommt}$$

Schreiben Sie ein Constraint `ungleich(X,Y)`, das zutrifft,
wenn $CT \models$ `X`$\dot{\neq}$`Y`. Dieses Constraint für sich allein kann entweder

als NCL-Prädikat oder als CHR-Constraint gleichartig implementiert werden.

Hinweis: Orientieren Sie sich an der Implementierung der Gleichheit aus Abschnitt 8.1. Um *Verträglichkeit* und *Zerlegung* als Simplifikationsregel zu implementieren, soll folgendes CHR-Constraint definiert werden:

`ungleich_mind_eins(List1,List2)` stellt sicher, daß es mindestens ein i gibt, so daß die i-ten Elemente aus `List1` und `List2` das Constraint `ungleich` erfüllen. Es genügt, wenn die Vereinfachung eines Constraints `ungleich_mind_eins(List1,List2)` darin besteht, alle identischen Paare von Elementen aus den beiden Listen zu entfernen und den Spezialfall von einelementigen Listen zu behandeln.

Beispiel: `ungleich_mind_eins([Z,X,a,c],[Z,Y,b,c])` wird zu `ungleich_mind_eins([X,a],[Y,b])` vereinfacht.

`ungleich_mind_eins([X],[a])` wird zu `ungleich(X,a)` vereinfacht.

Übung A.3.2. Implementierungsmöglichkeiten I
Implementierbar in LP, NCLP, B

Verwenden Sie folgende verschiedene Möglichkeiten, das Boolesche Constraint `und/3` zu implementieren:

1) als Fakten eines Logikprogramms,
2) durch die Constrainterweiterung Disjunktion,
3) durch die Constrainterweiterung Implikation,
4) als NCL-Programm.

Was sind die Vor- und Nachteile der einzelnen Implementierungen?

Übung A.3.3. n-Damen-Problem
Implementierbar in CLP, B, CHR

Implementieren Sie das n-Damen-Problem aus Beispiel 8.3.2 durch Boolesche Constraints.

Hinweis: Modellieren Sie jedes Feld des Schachbretts als eine Variable, die anzeigt, ob auf dem Feld eine Dame steht oder nicht.

Übung A.3.4. Digitale Kreuzschaltung
Implementierbar in CLP, NCLP, *B*, CHR

Eine Kreuzschaltung (engl. cross circuit) vertauscht zwei Leitungen X und Y mit Hilfe einer logischen Schaltung, ohne sie physikalisch zu überkreuzen (Abb. A.1). Dabei sind X und Y die Eingänge, A und B die Ausgänge, und es gilt $A = Y$ und $B = X$.

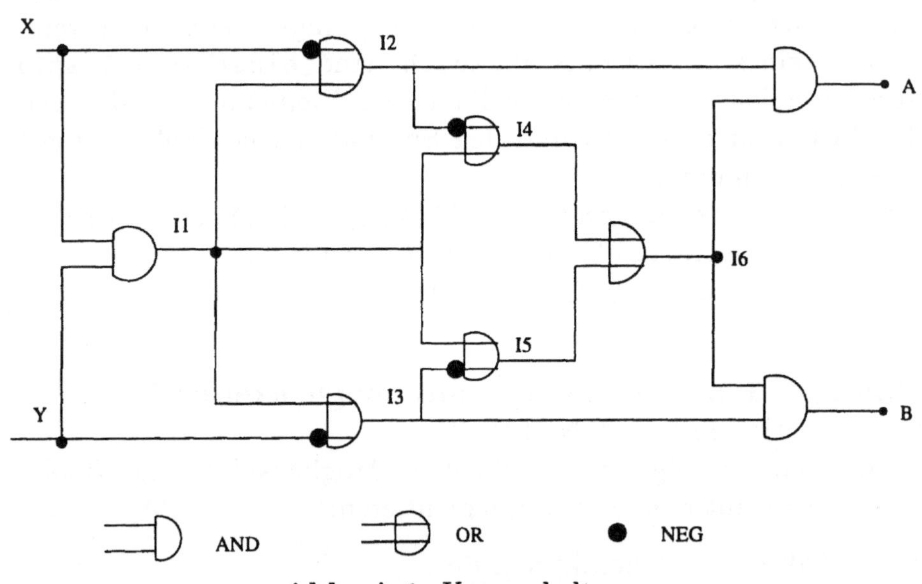

Abb. A.1. Kreuzschaltung

a) Spezifizieren Sie die Beziehungen zwischen Ein- und Ausgabe mittels aussagenlogischer Formeln. Die Spezifikation soll die Struktur der Schaltung widerspiegeln.
b) Schreiben Sie ein Prädikat `cross(X,Y,A,B)`, das die Schaltung durch Boolesche Constraints implementiert.
c) Welche Antwort liefern die folgenden Ziele?

```
cross(1,0,A,B)
cross(1,Y,1,B)
cross(0,Y,A,B)
cross(X,Y,A,B)
```

Übung A.3.5. Implementierungsmöglichkeiten II

Implementierbar in CLP, NCLP, *B*, *FD*, *R*, *I*, CHR

Es soll ein Constraintlöser für Boolesche Algebra dadurch implementiert werden, daß Boolesche Constraints in Constraints anderer Constraintsysteme übersetzt werden.

a) Schreiben Sie ein CL-Programm, das die logischen Verknüpfungen **und/3**, **oder/3**, **nicht/2** und die logische Äquivalenz **aequiv/2** implementiert, indem es sie auf lineare Gleichungen und Ungleichungen in den Constraintsystemen *FD*, *R* oder *I* zurückführt.
   Beispiel:

```
und(X,Y,Z):- X+Y=<Z+1, Z=<X, Z=<Y,
             bool(X), bool(Y), bool(Z).
bool(X):- X::[0,1].            % in FD
bool(X):- 0=<X, X=<1.         % in R
bool(X):- 0=<X, X=<1, X^2=X. % in I
```

b) Schreiben Sie ein CHR-Programm, das die obigen logischen Verknüpfungen implementiert.
c) Slim behauptet, daß die Prüfung schwer wird. Thom ist selbstverständlich anderer Meinung. Ein langer Streit endete mit folgenden Aussagen:
   Thom: „Slim lügt!“
   Slim: „Thom sagt die Wahrheit!“
   Drücken Sie beide Aussagen als Boolesche Constraints aus. Vergleichen Sie die erhaltenen Ergebnisse, indem Sie die vorhandenen bzw. selbst erstellten Implementierungen für Boolesche Constraints vergleichen.

Übung A.3.6. Krypto-arithmetische Rätsel I

Implementierbar in CLP, *FD*, *R*, *I*, CHR

Krypto-arithmetische Rätsel sind Darstellungen arithmetischer Berechnungen, bei denen die Ziffern durch Buchstaben verschlüsselt worden sind. Es gilt, diese Rechnungen zu rekonstruieren, wobei zu beachten ist, daß gleiche Buchstaben gleichen Ziffern und verschiedene Buchstaben verschiedenen Ziffern entsprechen.

Schreiben Sie ein CL-Prädikat `loese([S,E,N,D,M,O,R,Y])` in einem passenden Constraintsystem, das das folgende klassische krypto-arithmetische Rätsel löst.

```
    S E N D
+   M O R E
-----------
= M O N E Y
```

Hinweis: Die übereinanderstehenden Wörter sollen dabei in eine Gleichung transformiert werden. Dabei muß zwischen den einzusetzenden Ziffern und den Buchstaben eine eindeutige Beziehung bestehen. Für einen Buchstaben darf nicht 0 eingesetzt werden, wenn er an führender Position steht.

Übung A.3.7. Krypto-arithmetische Rätsel II

Implementierbar in CLP *FD*, *R*, *I*, CHR

Folgendes Pyramiden-Rätsel soll gelöst werden:

```
            A
         B     C
       D    E    F
     G    H    I    J
   K    L    M    N    O
```

In diesem Schema sollen die Zahlen von 1 bis 15 so untergebracht werden, daß jede Zahl die absolute Differenz der beiden darunterstehenden Zahlen ergibt (also z.B. $D = |G - H|$).

Mit folgendem Programmschema soll das Rätsel gelöst werden:

```
L= [A,B,C,D,E,F,G,H,I,J,K,L,M,N,O],
wertebereiche(L),
alle_verschieden(L),
positionen(L),
enumeriere(L).
```

Das Prädikat `wertebereiche(L)` fügt für jedes Element `X` aus L ein Constraint `X::D` in den Constraintspeicher ein, wobei `D` die Liste der Zahlen von 1 bis 15 ist. Das Prädikat `alle_verschieden(L)` stellt sicher, daß alle Elemente von L paarweise verschieden sind. `positionen(L)` fügt Constraints der Form `ueber(Oben,Untenlinks, Untenrechts)` in den Constraintspeicher ein. Diese Constraints spiegeln die Struktur der Pyramide wider. `enumeriere(L)` bindet jede Variable von L an einen Wert aus ihrem Wertebereich.

a) Implementieren Sie die Prädikate des Programmschemas.
b) Mit welcher Constrainterweiterung würden Sie das Constraint `ueber(Oben,Untenlinks,Untenrechts)` implementieren, wenn Sie lineare Gleichungen als Constraints bereits zur Verfügung hätten? Implementieren Sie das Constraint `ueber/3` durch ein nichtdeterministisches Prädikat, das auf lineare Gleichungen in einem geeigneten Constraintsystem zurückgeführt wird.
c) Implementieren Sie das Constraint `ueber/3` direkt und deterministisch in einem geeigneten Constraintsystem bzw. mittels CHR.
d) Vergleichen Sie die Ergebnisse, die Effizienz und die Anzahl der Rücksetzen-Schritte der unterschiedlichen Implementierungen.

Übung A.3.8. Zeitplanung

Implementierbar in CLP, NCLP *FD*, *R*, *I*, CHR

Eine typische Anwendung für endliche Bereiche *FD* ist die Zeitplanung. Konkret beschäftigen wir uns in diesem klassischen CLP-Beispiel mit der Minimierung der Dauer eines Hausbaus (in Wochen). Es bestehen zeitliche Abhägigkeiten zwischen den einzelnen Bauvorgängen, die in Abb. A.2 dargestellt sind.

Zum Beispiel kann die Arbeit an der Fassade des Hauses (Code E) erst begonnen werden, wenn sowohl Sanitär- und Elektroinstallation (Code D) als auch die Arbeiten am Dach (Code C) abgeschlossen sind. Der Bauvorgang (E) dauert zwei Wochen.

Der gesamte Bauvorgang ist beendet, sobald der Einzug abgeschlossen ist. Der Bauherr gibt als Planungsziel vor, die Arbeit am Haus möglichst früh zu beenden.

a) Machen Sie zuerst eine Abschätzung für die obere Schranke der minimalen Bauzeit.
   Hinweis: Dabei werden alle Bauabschnitte sequentiell, hintereinander ausgeführt.

Code	Name des Bauvorganges	Dauer	Vorbed.
A	Rohbau	7	-
B	Zimmererarbeiten für das Dach	3	A
C	Dach	1	B
D	Sanitär- und Elektroinstallation	8	A
E	Fassade	2	C, D
F	Fenster	1	C, D
G	Garten	1	C, D
H	Decken	3	F
I	Malerarbeiten	2	H
J	Einzug	1	E, I, G

Abb. A.2. Hausbau

b) Ordnen Sie dem Beginn jedes Bauvorganges eine Variable
zu, deren Wertebereich zwischen Woche 0 und der oberen
Schranke liegt. Machen Sie dasselbe mit den zwei Variablen
`Start` und `Ende`. Modellieren Sie die Abhängigkeiten zwischen den Bauabschnitten mit Constraints der Form `A+N=<B`
in einem Constraintsystem Ihrer Wahl. Beachten Sie auch die
Abhängigkeit zwischen dem Bauvorgang Rohbau und dem Beginn des Baus, `Start`, bzw. dem Einzug und der Beendigung
des Baus, `Ende`. Implementieren Sie diese Constraints in einem
Prädikat
`haeusle_baue([Start,A,B,C,D,E,F,G,H,I,J,Ende]).`

c) Welche Antwort liefert
`haeusle_baue([0,A,B,C,D,E,F,G,H,I,J,Ende])?`
Erweitern Sie das Prädikat, so daß es die optimale Lösung
berechnet. Je nach dem Constraintlöser, den Sie verwenden,
können Sie dazu entweder ein vordefiniertes Optimierungs-
prädikat verwenden oder in einem Enumerationsprädikat für
jede Variable den kleinsten möglichen Wert wählen.

A.4
Lösungsvorschläge

Dieser Abschnitt enthält Lösungsvorschläge zu ausgewählten
Übungsaufgaben. Wir verwenden dabei die von Prolog und

CHR bekannte konkrete Syntax und die vordefinierten Prädikate
bzw. Constraints =, =<, <, >, >=, is/2, var/1 und nonvar/1,
gleicher_funktor/2 und =../2 (siehe Einleitung zu Kapitel 8)
und \+ für Negation durch Scheitern.

Teillösung zu Übungsaufgabe A.1.1

```
b) route(Start,Ziel):-
        entfernung(Start,Ziel,Km).
   route(Start,Ziel):-
        entfernung(Start,Zwischen_Ziel,Km),
        route(Zwischen_Ziel,Ziel).
c) route(Start,Ziel,[Ziel]):-
        entfernung(Start,Ziel,Km).
   route(Start,Ziel,[Zwischen_Ziel|Route]):-
        entfernung(Start,Zwischen_Ziel,Km),
        route(Zwischen_Ziel,Ziel,Route).
d) route(Start,Start,[],0).
   route(Start,Ziel,[Zwischen_Ziel|Route],Km):-
        entfernung(Start,Zwischen_Ziel,Km1),
        route(Zwischen_Ziel,Ziel,Route,Km2),
        Km is Km1 + Km2.
e) kuerzester_weg(Start,Ziel,Route,Km):-
        route(Start,Ziel,Route,Km),
        \+ (route(Start,Ziel,Route1,Km1), Km1 < Km).
```

(Diese Lösung ist zwar einfach und deklarativ, aber nicht die
effizienteste. Warum?)

Lösung zu Übungsaufgabe A.1.2

```
a) summe(X,Y,Z):- 1 =< X, X =< 10, 1 =< Y, Y =< 10,
        Z is X + Y.
b) summe(X,Y,Z):- aus(1,10,X), aus(1,10,Y), Z is X + Y.

   aus(L,U,L):- L =< U.
   aus(L,U,X):- L < U, M is L + 1, aus(M,U,X).
```

aus(X,Y,Z) trifft genau dann zu, wenn Z eine ganze Zahl mit
X=<Z, Z=<Y ist.

```
c) aus1(Low,High,X):- var(X), aus(Low,High,X).
   aus1(Low,High,X):- nonvar(X), Low =< X, X =< High.
```

$$\textit{Negative Erfüllung:}$$
$$\langle G \wedge \neg \bigwedge_{i=1}^{0} C_i, C \rangle \mapsto \langle \bot, \textit{false} \rangle$$

$$\textit{Positive Durchführung:}$$
$$\langle G \wedge \neg \bigwedge_{i=1}^{1} C_i, C \rangle \mapsto \langle G \wedge \neg C_1, C \rangle$$

$$\textit{Positive Erfüllung:}$$
$$\frac{CT \models \forall(C \rightarrow \neg C_j) \quad \text{für ein } j \in \{1, \ldots, n\}}{\langle G \wedge \neg \bigwedge_{i=1}^{n} C_i, C \rangle \mapsto \langle G, C \rangle}$$

$$\textit{Positive Reduktion:}$$
$$\frac{CT \models \forall(C \rightarrow C_j) \quad \text{für ein } j \in \{1, \ldots, n\} \quad n > 1}{\langle G \wedge \neg \bigwedge_{i=1}^{n} C_i, C \rangle \mapsto \langle G \wedge \neg(C_1 \wedge \ldots \wedge C_{j-1} \wedge C_{j+1} \wedge \ldots \wedge C_n), C \rangle}$$

Abb. A.3. Reduktionsregeln für Negation einer Konjunktion

```
summe(X,Y,Z):- var(Z), aus1(1,10,X), aus1(1,10,Y),
        Z is X + Y.
summe(X,Y,Z):- nonvar(Z), var(X), aus1(1,10,Y),
        X is Z - Y, 1 =< X, X =< 10.
summe(X,Y,Z):- nonvar(Z), nonvar(X), 1 =< X, X =< 10,
        Y is Z - X, 1 =< Y, Y =< 10.
```

Teillösung zu Übungsaufgabe A.2.1

a) Die Reduktionsregeln für die Negation einer Konjunktion von
Constraints (es genügt, entweder *Negative Erfüllung* oder *Positive Durchführung* zu nehmen) sind Abb. A.3 zu entnehmen.

Lösung zu Übungsaufgabe A.3.1

in(X,T) trifft genau dann zu, wenn die Variable X im Term T vorkommt, wobei T keine Variable ist. **vereinfache(L1,L2,L3,L4)**
trifft genau dann zu, wenn die Listen **L3** und **L4** aus den nichtleeren Listen **L1** und **L2** entstanden sind, indem alle Elemente, die
an der gleichen Stelle in den beiden Listen stehen und zueinan-

der identisch sind, entfernt wurden und mindestens ein Wertepaar
entfernt wurde.

```
irreflexivitaet @ XT ungleich XT <=> false.
orientierung @ T ungleich X <=> var(X),nonvar(T) |
                X ungleich T.
zerlegung @ T1 ungleich T2 <=> nonvar(T1),
                nonvar(T2),gleicher_funktor(T1,T2) |
                T1=..[F|L1], T2=..[F|L2],
                ungleich_mind_eins(L1,L2).
verschiedenheit @ T1 ungleich T2 <=>  nonvar(T1),
                nonvar(T2), \+ gleicher_funktor(T1,T2) |
                true.
azyklizitaet @ X ungleich T <=> kommt_vor_in_term(X,T) |
                true.


    ungleich_mind_eins([],[]) <=>
            false.
    ungleich_mind_eins([T1],[T2]) <=>
            ungleich(T1,T2).
    ungleich_mind_eins(L1,L2) <=>
            vereinfache(L1,L2,L3,L4) |
            ungleich_mind_eins(L3,L4).
```

Teillösung zu Übungsaufgabe A.3.2

1) LP mit Nachteil Nichtdeterminismus:

```
und(0,0,0).
und(0,1,0).
und(1,0,0).
und(1,1,1).
```

2) Disjunktion (aufwendig zu implementieren):

$$und(X,Y,Z) \leftrightarrow$$
$$(X=0 \wedge Y=0 \wedge Z=0) \vee$$
$$(X=1 \wedge Y=0 \wedge Z=0) \vee$$
$$(X=0 \wedge Y=1 \wedge Z=0) \vee$$
$$(X=1 \wedge Y=1 \wedge Z=1)$$

3) Implikation (es müssen immer alle abgearbeitet werden):

```
und(X,Y,Z)  ←
        (X=0  →   Z=0)  ∧
        (Y=0  →   Z=0)  ∧
        (Z=1  →   X=1 ∧  Y=1)  ∧
        (X=1  →   Z=Y)  ∧
        (Y=1  →   Z=X)  ∧
        (X=Y  →   Y=Z)
```

Teillösung zu Übungsaufgabe A.3.5

```
a) nicht(X,Y):- X+Y=1, bool(X), bool(Y).
   aequiv(X,Y):- X=Y, bool(X).
```

Lösung zu Übungsaufgabe A.3.6

```
loese(L):- L=[S,E,N,D,M,O,R,Y],
      wertebereiche(L,0,9), constraints(L),
      enum_ziffern(L).

wertebereiche([],Min,Max).
wertebereiche([X|L],Min,Max):-
      Min=<X, X=<Max, wertebereiche(L,Min,Max),

constraints([S,E,N,D,M,O,R,Y]):-
      S >= 1, M >= 1,
              S*1000+E*100+N*10+D
            + M*1000+O*100+R*10+E
        = M*10000+O*1000+N*100+E*10+Y.

enum_ziffern(L):- enum_ziffern(L,[0,1,2,3,4,5,6,7,8,9]).

enum_ziffern([],L).
enum_ziffern([H|T],L):- waehle(H,L,L2),
      enum_ziffern(T,L2).

waehle(H,[H|T],T).
waehle(H,[H2|T],[H2|T2]):- waehle(H,T,T2).
```

Literaturverzeichnis

[ACM96] Strategic Directions in Constraint Programming. *ACM Computing Surveys*, 28(4), Dezember 1996.

[BC93] F. Benhamou und A. Colmerauer, Hrsg. *Constraint Logic Programming: Selected Research*. MIT Press, Cambridge, Mass., USA, 1993.

[Cla78] K. Clark. *Logic and Databases*, Kapitel Negation as Failure, Seiten 293–322. Plenum Press, New York, 1978.

[CM90] W. F. Clocksin und C. S. Mellish. *Programmieren in Prolog*. Informationstechnik und Datenverarbeitung. Springer-Verlag, Berlin, 1990.

[CP97] *Special Issue* on Strategic Directions in Constraint Programming. *Constraints*, 2(1), April 1997.

[EFT78] H.D. Ebbinghaus, J. Flum und W. Thomas. *Einführung in die mathematische Logik*. Wissenschaftliche Buchgesellschaft Darmstadt, 1978.

[FA97] T. Frühwirth und S. Abdennadher. Der Mietspiegel im Internet: Ein Fall für Constraint-Logikprogrammierung. *KI 1/97, Themenheft Constraints*, April 1997.

[FHK+92] T. Frühwirth, A. Herold, V. Küchenhoff, T. Le Provost, P. Lim, E. Monfroy und M. Wallace. Constraint Logic Programming: An Informal Introduction. In G. Comyn, N. E. Fuchs und M. J. Ratcliffe, Hrsg., *Logic Programming in Action*, LNCS 636, Seiten 3–35, Berlin, 1992. Springer-Verlag.

[Fre96] E. C. Freuder, Hrsg. *Second International Conference on Principles and Practice of Constraint Programming CP'96*, LNCS 1118, Berlin, August 1996. Springer-Verlag.

[Frü95] T. Frühwirth. Constraint Handling Rules. In A. Podelski, Hrsg., *Constraint Programming: Basics and Trends*, LNCS 910, Berlin, März 1995. Springer-Verlag.

[HS88] M. Höhfeld und G. Smolka. Definite Relations over Constraint Languages. LILOG Report 53, IWBS, IBM, Stuttgart, Oktober 1988.

[JL87] J. Jaffar und J. L. Lassez. Constraint Logic Programming. In *Proceedings of the 14th ACM Symposium on Principles of Programming Languages POPL-87, München*, Seiten 111–119, 1987.

[JM94] J. Jaffar und M. J. Maher. Constraint Logic Programming: A Survey. *Journal of Logic Programming*, 20:503–581, 1994.

[Kow79] R. Kowalski. Algorithm = Logic + Control. *CACM*, 22(7): 424–435, Juli 1979.

[Kum92] V. Kumar. Algorithms for Constraint-Satisfaction Problems: A Survey. *AI Magazine*, 13(1):32–44, 1992.

[Llo87] J. W. Lloyd. *Foundations of Logic Programming*. Springer-Verlag, Berlin, 2. Auflage, 1987.

[Mah87] M. J. Maher. Logic Semantics for a Class of Committed-Choice Programs. In J.-L. Lassez, Hrsg., *Proceedings of the 4th International Conference on Logic Programming (ICLP)*, Seiten 858–876, Cambridge, Mass., USA, Mai 1987. MIT Press.

[Mah93] M. Maher. A Logic Programming View of CLP. In *Proceedings of the 10th International Conference on Logic Programming (ICLP)*, Seiten 737–753, 1993.

[MBF96] J.-R. Molwitz, P. Brisset und T. Frühwirth. Planning Cordless Business Communication Systems. In *IEEE Expert Magazine, Special Track on Intelligent Telecommunications*. IEEE Computer Society, Januar 1996.

[Men87] E. Mendelson. *Introduction to Mathematical Logic*. Wadsworth and Brooks, 1987.

[Rob65] J. A. Robinson. A Machine-Oriented Logic Based on the Resolution Principle. *Journal of the ACM*, 12(1):23–49, Januar 1965.

[Sar93] V.A. Saraswat. *Concurrent Constraint Programming*. MIT Press, Cambridge, Mass., USA, 1993.

[Sha89] E. Shapiro. The Family of Concurrent Logic Programming Languages. *ACM Computing Surveys*, 21(3):413–510, September 1989.

[Smo91] G. Smolka. Residuation and Guarded Rules for Constraint Logic Programming. DEC-PRL Research Report, Digital Equipment Paris Research Laboratory, Frankreich, Juni 1991.

[Smo97] G. Smolka, Hrsg. *Third International Conference on Principles and Practice of Constraint Programming CP'97*, LNCS, Berlin, Oktober 1997. Springer-Verlag.

[SS93] G. Smolka und C. Schulte. Logische Programmierung. Skriptum zur Vorlesung, Fachbereich 14 Informatik, Universität des Saarlandes, 1993.

[SS94] L. Sterling und E. Shapiro. *The Art of Prolog*. MIT Press, Cambridge, Mass., USA, 2. Auflage, 1994.

[TCS97] *Special Issue* on Principles and Practice of Constraint Programming. *Theoretical Computer Science*, 173(1), Februar 1997.

[vHMD97] P. van Hentenryck, L. Michel und Y. Deville. *Numerica: a Modeling Language for Global Optimization*. MIT Press, Cambridge, Mass., USA, 1997.

[vHSD92] P. van Hentenryck, H. Simonis und M. Dincbas. Constraint Satisfaction Using Constraint Logic Programming. *Artificial Intelligence*, 58(1-3):113–159, Dezember 1992.

[vHS95] P. van Hentenryck und V.A. Saraswat. *Principles and Practice of Constraint Programming*. MIT Press, Cambridge, Mass., USA, April 1995.

[vH89] P. van Hentenryck. *Constraint Satisfaction in Logic Programming*. MIT Press, Cambridge, Mass., USA, 1989.

[vH91] P. van Hentenryck. Constraint Logic Programming. *The Knowledge Engineering Review*, 6:151–194, 1991.

[Wal96] M. Wallace. Practical Applications of Constraint Programming. *Constraints Journal*, 1(1,2):139–168, September 1996.

Abbildungsverzeichnis